压电薄膜体声波谐振器及滤波器设计

吴秀山　著

FBAR

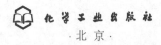

化学工业出版社

·北京·

内容简介

本书主要讲述压电薄膜体声波谐振器（Film Bulk Acoustic Resonators，FBAR）的工作原理，推导 FBAR 的电学阻抗表达式，由此构建其 Mason 模型，对其底电极、顶电极、压电层的结构参数，以及有效谐振面积对器件谐振频率的影响进行模拟仿真与验证，并针对 FBAR 的温度漂移提出有效的温度补偿措施；其次介绍 FBAR 的二维与三维建模过程，利用有限元分析法研究 FBAR 的电极形状、面积及器件结构对谐振模态的影响，并从有限元分析中提取相关损耗参数，修正和提高 Mason 电学模型的精度；最后分析 FBAR 滤波器的工作原理，从滤波器的级联方式、串并联 FBAR 的有效谐振面积比、滤波器的级联阶数等方面进行研究，给出 FBAR 滤波器优化设计过程。

本书可以作为从事 FBAR 器件研究与设计，特别是 FBAR 滤波器设计人员、微电子工程技术人员的参考用书，也可以作为相关专业研究生的参考用书。

图书在版编目（CIP）数据

压电薄膜体声波谐振器及滤波器设计／吴秀山著.
北京：化学工业出版社，2025. 3. -- ISBN 978-7-122
-47463-6

Ⅰ. TN62；TN713

中国国家版本馆 CIP 数据核字第 2025G7U811 号

责任编辑：葛瑞祎　　　　　　文字编辑：宋　旋
责任校对：刘曦阳　　　　　　装帧设计：张　辉

出版发行：化学工业出版社
　　　　　（北京市东城区青年湖南街 13 号　邮政编码 100011）
印　　装：河北鑫兆源印刷有限公司
710mm×1000mm　1/16　印张 11　字数 188 千字
2025 年 3 月北京第 1 版第 1 次印刷

购书咨询：010-64518888　　　　售后服务：010-64518899
网　　址：http://www.cip.com.cn
凡购买本书，如有缺损质量问题，本社销售中心负责调换。

定　　价：78.00 元

序

随着移动通信的不断发展，单个射频器件中使用的滤波器数量激增，造成单个设备的滤波器总成本不断增加，而薄膜体声波滤波器能很好地解决通信技术现有的不足以及人们对移动设备日益增长的功能需求间的矛盾。特别是随着集成电路和微机电系统（Micro-Electro-Mechanical System，MEMS）工艺的快速发展，薄膜体声波器件采用的微细加工技术逐步成熟，实现的薄膜体声波谐振器工作频率可达 500MHz～10GHz，品质因数可达 1000 及以上，频率温度系数更加优良，并且与集成电路设计工艺兼容。将 FBAR 单元按照一定的结构连接设计出的滤波器能很好地解决通信技术现有的不足与人们对移动设备日益增长的功能需求间的矛盾，因而备受企业和研究人员的关注。

吴秀山教授的这本《压电薄膜体声波谐振器及滤波器设计》专著即将出版，作者从事集成电路与 MEMS 器件设计数十年，具有丰富的器件设计经验。本书重点讲述了压电薄膜体声波器件的工作原理，基于建立的模型分析了底电极、顶电极、压电层的结构参数、有效谐振面积等对器件谐振频率的影响，并针对 FBAR 的温度漂移，提出了有效的温度补偿措施；基于建立的二维与三维模型，利用有限元分析法研究了 FBAR 的电极形状、面积及器件结构对谐振模态的影响；最后给出了 FBAR 滤波器的设计与分析。

本书从实际应用和设计详细阐述了 FBAR 器件与其在谐振器中的应用，给出了 FBAR 与谐振器的具体设计过程和步骤，并给出了详细的设计与分析过程，且附上了大量的仿真结果。

本书是本科生和研究生从事压电薄膜器件设计以及滤波器方面应用的较为理想的参考用书，也可以作为器件研发人员、集成电路设计人员、工程师、微电子工程技术人员的参考用书。

2024 年 5 月

前　言

随着集成电路（Integrated Circuit，IC）与 MEMS 工艺的不断发展，在体声波谐振器的基础上采用微细加工技术可以制成工作频率与品质因数更高、插入损耗更低以及性能更加优良的 FBAR，并且能与目前的 IC 工艺集成，从而使射频器件微型化更具现实意义。

本书为压电薄膜体声波谐振器及滤波器设计，主要讲述了 FBAR 的工作原理，推导了该器件的电学阻抗表达式，由此构建了其 Mason 模型，对其底电极、顶电极、压电层的结构参数，以及有效谐振面积对器件谐振频率的影响进行了模拟仿真与验证，并针对 FBAR 的温度漂移，提出了有效的温度补偿措施；其次，对 FBAR 的二维与三维建模方法与过程进行了介绍，基于有限元分析法研究了 FBAR 的电极形状、面积及器件结构对谐振模态的影响，并提取了相关损耗参数以修正和提高 Mason 电学模型的精度；最后分析了 FBAR 滤波器的工作原理，从滤波器的级联方式、串并联 FBAR 的有效谐振面积比、滤波器的级联阶数等方面进行研究，给出了 FBAR 滤波器优化设计过程。

本书由浙江水利水电学院吴秀山教授撰写。本书的很多工作是在"南浔学者"（RC2022010935）和浙江省自然科学基金（Y21F040001）项目支持下开展的。浙江水利水电学院与中国计量大学联合培养的 20 级硕士研究生徐霖和 21 级硕士研究生周晓伟为本书的编写做了很多工作，在此表示衷心感谢。

基于 FBAR 器件设计的通信用滤波器是一项备受瞩目的新型滤波器解决方案，它非常适合目前通信技术的发展需求，但在 FBAR 滤波器的工作带宽提高、有效机电耦合系数提升、FBAR 谐振器结构的优化、FBAR 滤波器的相关理论和制备方法等多方面仍需不断地研究和发展，加之作者的水平和能力有限，书中难免存在不足之处，敬请广大读者批评指正。

吴秀山
2024 年 10 月

目　录

第1章　绪论

1.1　无线通信技术及滤波器简介

20 世纪 80 年代，第一代移动通信系统（1G）被提出，1G 是仅限语音的蜂窝电话标准，它采用了模拟传输技术与频分多址技术，传输速率大致为 2.4kbit/s。1G 体积大、制造成本高、保密性不佳，且它的容量不能满足日益增长的通信需求。因此在 90 年代初期，第二代移动通信系统（2G）被提出，2G 采用了数字传输技术，使得传输的语音质量有了较大的改进，包含的标准主要是 GSM（全球移动通信系统，Global System for Mobile Communications）、CT2（第二代无绳电话，Cordless Telephone 2nd Generation）、CT3、DECT（数字增强无绳通信，Digital Enhanced Cordless Telecommunications）、DCS1800（1800MHz 数字蜂窝系统，Digital Cellular System at 1800MHz）等，其传输速率大致可达 64kbit/s。但随着网络规模和使用者规模的扩大，现有的语音质量不能让用户满意，频率资源逐渐匮乏，无法实现真正意义上的多媒体业务发展。20 世纪 90 年代末，第三代移动通信（3G）产生，也称为 IMT2000（国际移动电话系统-2000，International Mobile Telecom System-2000），它的最基本特征是加入了智能信号处理技术，支持语音和多媒体数据的传输通信，但 3G 技术存在频谱资源浪费，利用率低，速率不够高等缺点，这些不足对于未来移动通信的发展是严峻的考验[1,2]。

为了解决现有系统的不足，又能满足日后移动通信系统的发展，第四代通信系统（4G）应运而生，4G 技术具有不对称的、超过 2Mbit/s 的数据传输能力，可以在固定平台、无线平台和跨越不同频带的网络等情况下提供无线服务，可以更加便利地用宽带接入网络，提供确定位置和时间、数据收集与发送、远距离控制等综合功能。4G 的网络频率更宽、通信速度更快、更具智能性和兼容性，成为广泛使用的通信技术，显著地改变了人们的生活方式，造就了辉煌的互联网经济时代。如今，第五代通信技术（5G）的广泛应用，为实现人、机、物三者互联的网络基础设施的建立打下了扎实基础，它主要致力于高传输速率、高带宽、智能化以及多样化的移动通信网络系统建设。最终 5G 将渗透到经济社会的各个领域，成为支撑经济社会进一步转型发展的关键新型基础设施，1G～5G 的发展历程如图 1.1 所示。未来第六代移动通信（6G）的发展将采用太赫兹频段，而对于太赫兹的研究目前也正在不断地进行中，目前我国大多在卫星通信领域使用太赫兹频段[3,4]。

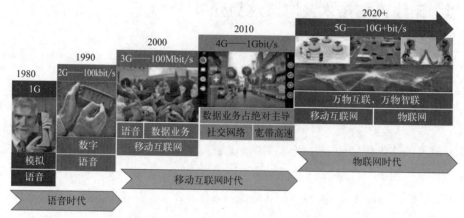

图 1.1　1G～5G 时代的发展历程

　　低频段资源已被广泛应用于 2G、3G、4G 通信网络中，因此在 5G 通信网络的规划中，已不存在较多的低频段资源可供使用，这迫使研发团队向中、高频段资源进军。2019 年，我国工信部正式向国内的四大运营商（中国移动、中国联通、中国电信、中国广电）发放了 5G 商用牌照，标志着我国进入了 5G 的商用时代。目前对于 5G 的研究主要集中在两个频段，分别是 Sub-6GHz 频段和高频毫米波段。Sub-6GHz 频段能兼容现有 4G 网络的基础设施。毫米波段频谱资源富裕，但高频信号的波长较短、绕射能力较差，若要保证信号覆盖的全面性，只能通过增加基站的方式，进而提升了成本，因此 Sub-6GHz 频段更适用于 5G 的初步使用与研究。我国工信部对于 Sub-6GHz 频段也进行了详细规制，划分出 3.40～3.60GHz 频段和 4.80～5.00GHz 频段作为商用频段。因此研究 5G 通信网络中的 Sub-6GHz 频段更具有现实意义。

　　要实现覆盖 2G～5G 通信技术的全球通，需要支持近百个频段，因此在对 5G 移动网络进行设计时，对频率的精准控制与选择是通信网络射频前端中亟须解决的问题之一。射频前端主要由双工器、滤波器、功率放大器、低噪声放大器、射频开关等单元以及基带芯片组成，射频前端结构如图 1.2 所示，射频前端的性能直接决定网络传输速率、信号带宽、通信质量等一些通信指标[5,6]。其中对于通信频段的选择以及滤波主要依靠其中的滤波器和双工器，而双工器的本质也是滤波器，因此，射频滤波器的性能优良与否，直接影响信号传输过程中的互相干扰，以及频谱利用率等一系列问题[7]。

　　根据法国 Yole 的市场研究数据，2019 年全球射频前端市场规模已经达到

152 亿美元，预计到 2025 年将超过 253 亿美元，年复合增长率为 11％，整体增长势头将长期延续[8]。在整个射频前端的销售份额结构中，滤波器占据了射频前端市场份额的 47％；紧随其后的是功率放大器，占 32％，两者也是射频前端器件中研发技术难度最大的产品。滤波器的发展直接影响到射频前端和无线通信产业的发展。

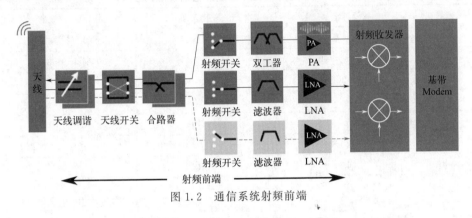

图 1.2　通信系统射频前端

　　传统通信系统中的滤波器多采用微波陶瓷滤波技术[9] 和声表面波（Surface Acoustic Wave，SAW)[10] 技术。利用陶瓷技术制造的滤波器是由介电常数高、损耗低、温度系数低的微波介质粉末材料（如锆酸盐、钛酸钡等）经高温烧结制成的。此类滤波器虽然成本低，功率容量大，在长期的实践中制作工艺也相对成熟，但是其尺寸大，噪声也大，且无法与射频集成电路（Radio Frequency Integrated Circuit，RFIC）工艺集成，也就不能应用于射频器件的制造与研发。利用声表面波技术制作的声表面波滤波器，相较于陶瓷滤波器，它的工作频率更高，品质因数也更大，器件的尺寸也进一步缩小，工艺技术也较为成熟，但该类滤波器的功率容量偏低，同样也无法与 RFIC 工艺集成。随着 RFIC 和 MEMS 工艺的不断发展，在体声波谐振器（Bulk Acoustic Wave，BAW）的基础上研制了压电薄膜体声波谐振器，薄膜体声波谐振器是采用微细加工技术制成的具有高工作频率的谐振器，利用声波在薄膜内振荡从而产生谐振，将 FBAR 单元按照一定的结构连接起来，便可以制成满足设计需求的滤波器。陶瓷滤波器以及 SAW 滤波器的工作频率不高，插入损耗均在 2dB 左右、品质因数（Q）只有 500 左右，并且易受环境温度的影响，产生温度漂移现象。而薄膜体声波谐振器工作频率可达 500MHz～10GHz，Q 可达 1000 甚至 1000 以上，频率温度系数（Temperature Coefficient of Frequency，TCF）更加优良，其中十分值得一提的是，它能与目前的 RFIC 工艺集成，从而使射频器件微型化更具现实意义。但其制备需要借助于 MEMS 工艺，由于国内设备有限，目前在制造方面依然困难重重，仍需要进行不断的改进与完善[11-13]。通信系统常用的滤波器对比如表 1.1 所示。

表 1.1　通信系统常用滤波器的性能比较

内容	陶瓷滤波器	SAW 滤波器	FBAR 滤波器
领域	双工器	射频滤波器	双工器、射频滤波器
频率	1MHz～10GHz	10MHz～3GHz	500MHz～10GHz
插损	1～2dB	2.5～4dB	1～1.5dB
功率容量	＞＞1W	≤1W	≥1W
Q 值	300～700	200～400	700～1000
温度系数	$(-10～+10)\times10^{-6}/℃$	$(-35～-95)\times10^{-6}/℃$	$(-25～-30)\times10^{-6}/℃$
抗静电能力	优秀	一般	优秀
尺寸	大	小	最小
工艺	成熟	较成熟	尚未成熟
可集成性	不可以	不可以	可以

随着移动设备的不断发展，移动通信技术朝着更高的频率和更快的传输速率方向不断地发展，对其的尺寸和耗能提出了更为严格的要求，单个射频器件中使用的滤波器数量激增，造成单个设备的滤波器总成本在增加，而薄膜体声波滤波器的出现，能很好地解决通信技术现有的不足与人们对移动设备日益增长的功能需求间的矛盾，因而备受研究人员和大型企业的研究与关注。

1.2　国内外研究现状

近年来，5G 通信技术的不断发展，对射频滤波器提出了更高的性能要求，因此众多的科研院所、企业以及高校都开展了 FBAR 器件的研究[14]。科研院所包括中国电子科技集团有限公司的二十六所以及五十五所、中国工程物理研究院、中国科学院的微系统研究所等，企业包括国外的 Agilent 公司、Qorvo 半导体公司、英飞凌公司、意法半导体等，国内包括天津诺思、承芯半导体、麦捷科技等公司。高校内对于 FBAR 的研究更为广泛，包括国内的清华大学、天津大学、浙江大学、武汉大学、西南科技大学、中北大学等，国外的南加州大学、日本东北大学、ICU 大学、马来西亚国油科技大学等。

在 1965 年，Newell[14] 研制出了首个体声波谐振器，该谐振器采用了布拉格反射层结构，其响应频率为 2～7MHz。同年，Sliker 和 Roberts 等人[15] 成功地研制了基于硫化镉薄膜的谐振器，它的工作频率是 Newell 等人研制的谐振器的几十倍，可达 100MHz，但这些成果均处于实验室的研究中，并没有实现产业化生产。直到 1980 年，Lakin 和 Wang 等人[16] 首次在硅片上制成了薄膜型谐振器，将工作频率进一步提高至 435MHz，并且首次将氮化铝薄膜引入到体声波滤波器中，这一研究成果将微声薄膜谐振器的相关探索向前推动了一大步。

2002 年，美国 Agilent 公司的 David Feld 等人[17] 成功研制出了基于空腔型薄膜体声波谐振器的 Tx 滤波器，其工作中心频率为 1900MHz，应用于 PCS 波段。该款滤波器采用芯片级陶瓷封装，进一步地缩小了滤波器的尺寸，通过引线键合在 PCB 板上，器件的整体尺寸为 3.0mm×3.0mm×1.1mm，如图 1.3 所示。

0.75mm

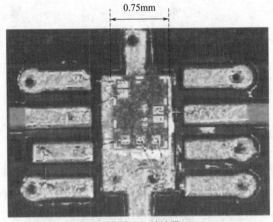

(a) 空腔型Tx滤波器

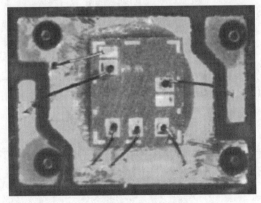

(b) PCS全波段Tx滤波器

图 1.3　Agilent 公司研制的 Tx 滤波器

2005 年，浙江大学金浩[18] 对 FBAR 的理论进行了分析，对薄膜制备的溅射机理进行优化。同年，南加州大学的 Pang W 等人[19] 设计出一种基于 ZnO 的表面微机械气隙电容器集成的电调谐式温度补偿 FBAR，如图 1.4 所示。

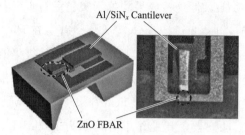

图 1.4　Wei Pang 等人设计的电调谐式温度补偿 FBAR

在 2007～2009 年，富士通公司研制出 9.1GHz 和 19.7GHz 的 FBAR 滤波器样品[20,21]，如图 1.5 所示，进一步推动了 FBAR 高频化的发展进程。2013 年，

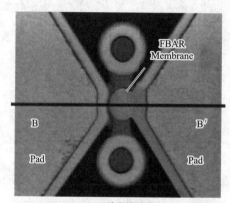

(a) K波段滤波器

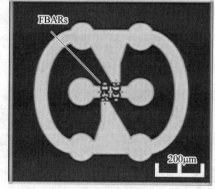

(b) Ka波段滤波器

图 1.5　富士通公司 FBAR 滤波器芯片

法国空间中心 CNES 联合航天公司采用空腔刻蚀的方式，开发出单晶 FBAR 样品，有效机电耦合系数达到了 33%[22]，这也为 FBAR 滤波器的宽带化研究奠定了基础。

2011 年，美国加州戈莱塔高级模块化系统研发公司的 Mishin S 等人[23] 研究了 BAW 与 FBAR 滤波器，主攻在氮化铝薄膜的制备过程中，应力和结晶度的实际控制方面的问题。他们通过改变沉积参数和表面改性的方式来控制应力，并且研究了基底材料和电极沉积对压电材料氮化铝的应力和晶体取向的影响。电极处理与靶材寿命对 AlN 薄膜应力的影响如图 1.6 所示。

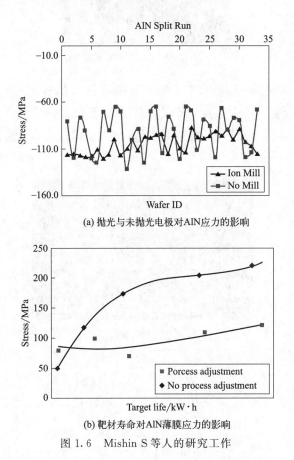

(a) 抛光与未抛光电极对AlN应力的影响

(b) 靶材寿命对AlN薄膜应力的影响

图 1.6 Mishin S 等人的研究工作

2013 年，中国电子科技集团有限公司十三所的李丽等人[24] 研制出 2～4GHz 的空腔型结构 FBAR 滤波器，并且从利用实物测试得到的谐振频率特性图中提取参数，用于简化电学模型。最终得到了半高宽为 3.32° 的压电薄膜，有效机电耦合系数为 3.56%，串、并联谐振频率处的 Q 值分别为 1571.89 和

586.62，器件的电镜图如图 1.7 所示。

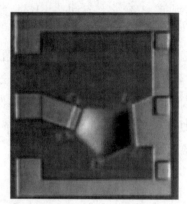

图 1.7　李丽等人研制的 S 波段 FBAR

2015 年，Liu W 等人[25] 利用分子逐层自组装的方式，实现了 FBAR 的 20MHz 的频率调制，相应的调制范围为 1.4%，调制分辨率为 7×10^{-6}。基于设计的频率调谐 FBAR 设计的一款中心频率为 2.10GHz 的滤波器及测试结果如图 1.8 所示。

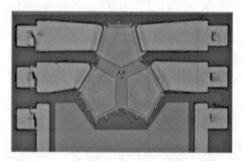

(a) FBAR电镜图

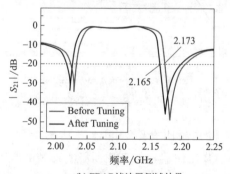

(b) FBAR滤波器测试结果

图 1.8　Liu W 等人设计的 FBAR

2017 年，中国工程物理所高杨等人[26] 针对无人机测控设计了中心频率 2.46GHz，带宽 41MHz，带外抑制低于 40dB 的滤波器。南京电子器件研究所的赵洪元等人[27] 设计了 S 波段滤波器，插损小于 2dB，带外抑制 40dB，回波损耗为 12dB，温度漂移系数为 $-11 \times 10^{-6}/℃$，实物及测试结果如图 1.9 所示。2018 年，Michael D. Hodge 等人[28] 设计了基于未掺杂单晶氮化铝的 5.24GHz 块状声波滤波器。该滤波器的 4dB 带宽为 151MHz，最小插入损耗为 2.82dB，带外抑制大于 38dB。谐振腔的有效机电耦合系数（k_t^2）为 6.32%，滤波器及测试性能如图 1.10 所示。

(a) FBAR滤波器实物图

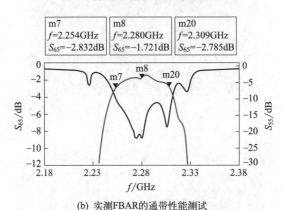

(b) 实测FBAR的通带性能测试

图 1.9　赵洪元等人设计的 FBAR 滤波器

关于滤波器的谐振频率的精确控制，制备工艺的改进，牢固可靠的封装技术等方面[29-31]，2017 年，天津大学的 Jiang Yuan 等人[32] 利用转移印刷工艺，在超薄聚酰亚胺衬底上制备了 2.4GHz 的柔性 FBAR 滤波器，制作的结构为空腔型，如图 1.11 所示。清华大学的 Zhou Changjian 等人[33] 也在柔性基底上实现了以 AlN 为压电膜层的 FBAR 器件的制备，经过多次弯折后，器件的谐振性能

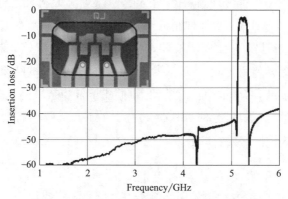

图 1.10　Michael D. Hodge 等人设计的 5.24GHz 块状声波滤波器

不受影响，如图 1.12 所示。这对无线通信系统中的柔性基底滤波器的发展，以及基于 FBAR 的智能穿戴设备研究有着重大意义。

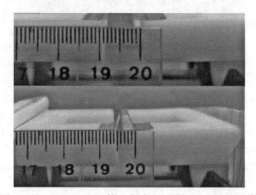

图 1.11　Jiang Yuan 等人制备的柔性 FBAR 滤波器

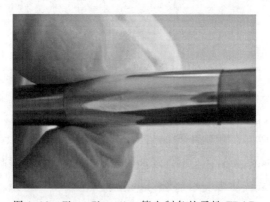

图 1.12　Zhou Changjian 等人制备的柔性 FBAR

2018 年，华南理工大学的李洁[34] 利用厚度较薄的单晶 AlN 具有较小的声波、机械损耗和热损耗的优势，基于 Bonding 倒装工艺制备声波器件，解决了薄膜残余应力大的问题，如图 1.13(a) 所示。也研究了湿法腐蚀的方式，去除残余衬底硅的工艺，如图 1.13(b) 所示。该工作为 FBAR 器件的温度补偿研究提供了思路。

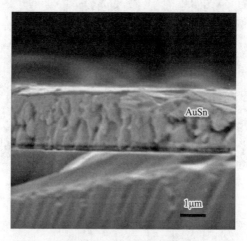

(a) Bonding倒装工艺后的SEM图

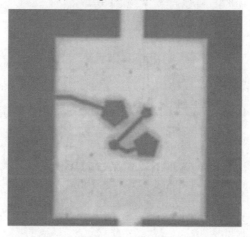

(b) 湿法去除残余Si后的实物图

图 1.13 李洁设计的通过 Bonding 倒装工艺制备 FBAR

2018 年，印度 Patel R 等人[35] 研究了 FBAR 的制造和表征，以进一步地改善射频滤波器及相关传感应用的性能特征。Patel R 所在的课题组采用 ZnO 作为压电材料，金属铝作为底部电极材料，并将金作为谐振器的顶部电极材料。四甲基氢氧化铵（TMAH）装置用于体硅的刻蚀，形成背刻蚀型结构来限制声信号。测试得到的中心频率为 1.77GHz，回波损耗为 −10.7dB。Patel R 等人研究的 FBAR 顶视图扫描电镜图像和沉积块状氧化锌薄膜的 XRD 分析如图 1.14 所示。

(a) FBAR顶视图的扫描电镜图像

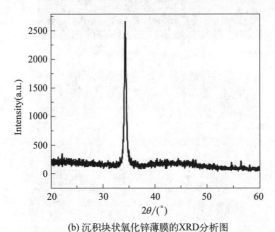

(b) 沉积块状氧化锌薄膜的XRD分析图

图 1.14　Patel R 等人设计的 FBAR 器件

2019 年，中国电子科技集团有限公司第十三研究所的李丽等人[36] 又研制了在 C 波段工作的薄膜体声波滤波器，通过一维 Mason 等效电路模型制得了中心频率为 5.50GHz，插损为 2.19dB，1dB 带宽为 111MHz 的滤波器。在并联 FBAR 单元上增加了频率偏移层，使得并联 FBAR 的谐振频率值低于串联 FBAR 的频率值，从而在多个 FBAR 器件级联时能构成通带，实测性能如图 1.15 所示。

中国电子科技集团有限公司第二十六研究所的彭华东等人[37] 采用磁控溅射的方法，在硅基底上制备 X 波段的滤波器，最终得到的滤波器的谐振频率为

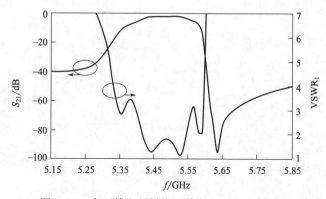

图 1.15 李丽等人研制的 C 波段 FBAR 实测性能

9.09GHz，插入损耗为 0.38dB。其中压电层为 AlN，其膜厚均匀性为 0.32%，薄膜摇摆曲线半峰宽为 2.21°，实测性能如图 1.16 所示。

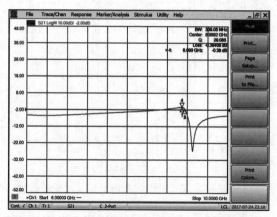

图 1.16 彭华东等人研制的 X 波段 FBAR 实测性能

2020 年，Zou Y 等人[38] 提出了一个基于双模薄膜体声波谐振器（FBAR）的射频双频滤波器。设计的以梯形结构连接的双模 FBAR 滤波器的插入损耗小于 2dB，且带阻超过 35dB。在倾角为 20° 的情况下，实现了 1.86GHz 和 3.35GHz 的两个通带，带宽分别为 43MHz 和 105MHz，该研究采用的巴特沃斯模型以及构成的滤波器的宽带特性图如图 1.17 所示。

2020 年，关于薄膜体声波谐振器的温度漂移系数研究，华中科技大学的桂丹等人[39] 在 ZnO 压电膜制作的过程中掺入了 Mg，有效地减小了器件的频率温度系数，不同镁浓度掺杂 FBAR 的 S_{11} 曲线如图 1.18（a）所示，FBAR 的 TCF 与 Mg 掺杂浓度关系如图 1.18（b）所示。此研究对于 FBAR 的电能机械

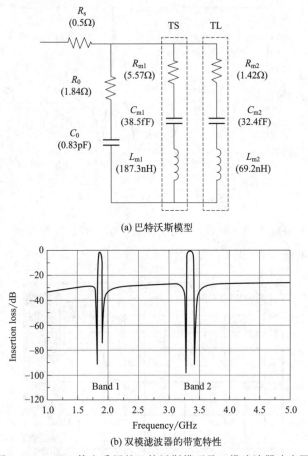

(a) 巴特沃斯模型

(b) 双模滤波器的带宽特性

图 1.17 Zou Y 等人采用的巴特沃斯模型及双模滤波器响应图

能的转化效率的提高以及对于克服 FBAR 器件的温度漂移现象提出了有效的解决方案。

同年，中国电子科技集团有限公司第二十六所的兰伟豪等人[40] 在 6in 1152.4mm 硅片上制备了 AlScN 压电薄膜。对 AlScN 薄膜进行了分析表征，结果表明，AlScN 压电薄膜具有良好的（002）面择优取向，摇摆曲线半峰宽为 1.75°，膜厚均匀性优于 0.6%，薄膜应力为 10.63MPa，所制成的 FBAR 谐振器的机电耦合系数为 7.53%，AlScN 压电薄膜的薄膜应力分布如图 1.19(a) 所示，以 AlScN 为压电薄膜的 FBAR 频率响应如图 1.19(b) 所示。本研究对于 FBAR 器件的机电耦合系数的改善提供了新的材料及思路。

2022 年，Su Rongxuan 等人[41] 提出了 15°YX-铌酸锂/二氧化硅/硅多层结

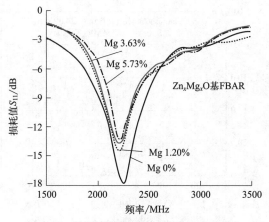

(a) 不同镁浓度掺杂下的FBAR S_{11} 曲线

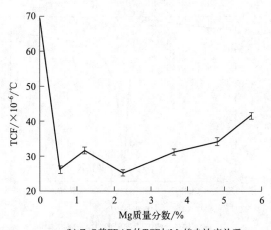

(b) ZnO基FBAR的TCF与Mg掺杂浓度关系

图1.18 桂丹等人研究的掺杂 Mg 对 FBAR 的影响

构,器件的 SEM 成像图如图 1.20(a) 所示。通过采用分层级联算法,对铜电极厚度的调谐,将产生的寄生谐振降至最低。最终制成了中心频率为 1279MHz 的梯形滤波器,可实现出色的带通滤波性能,最小插入损耗为 0.80dB,带内波动小于 0.9dB。多层结构声表面波滤波器还显示出 $57.7 \times 10^{-6}/℃$ 的频率温度系数,滤波器的通带特性如图 1.20(b) 所示。

而对于 FBAR 的研发而言,结构、材料及性能的仿真已经较为成熟,而工艺制造方面仍然面临诸多的困难,FBAR 的制造依托 MEMS 工艺,该工艺对于设备的精度、操作者的操作水平都有着较高的要求,这也导致了目前工艺制造所展现的难点,国内外的研究人员也正在积极探索与 FBAR 相关的薄膜制备工艺。

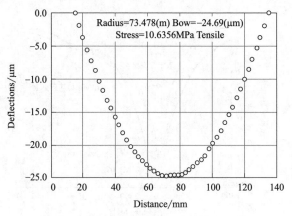

(a) AlScN薄膜应力分布

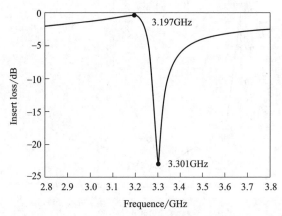

(b) 以AlScN为压电薄膜的FBAR频率响应

图 1.19　兰伟豪等人研究的以 AlScN 为压电薄膜的 FBAR 器件

1968 年，Wauk 和 Winslow 首次采用真空蒸发的方法，在 N_2 与 NH_3 气氛中制备了 AlN 压电薄膜[42]，随着微机械加工工艺的改进以及集成电路产业的发展，对于 FBAR 器件中压电薄膜的性能提出了更高的要求，对薄膜的粗糙度以及致密性等指标都做出了要求，而要达到此种的设计需求，就需要对薄膜的制备加工工艺进行进一步的完善。因此磁控溅射、分子束外延，脉冲准分子激光沉积[43] 等各种先进的技术也被应用到薄膜的制备研究中。电子科技大学张必壮[44] 通过 Er 掺杂制备了高性能 AlN 薄膜，华南理工大学刘国荣[45] 利用 PLD 外延法成功制备了单晶 AlN 薄膜，西安电子科技大学李恒[46] 通过脉冲激光沉积成功制备出了应用于柔性穿戴设备的自支撑 AlN 薄膜。

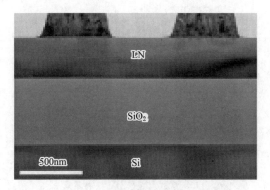

(a) FBAR的SEM图

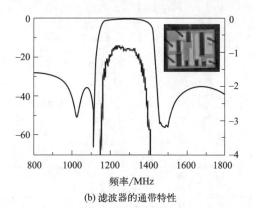

(b) 滤波器的通带特性

图 1.20 Su Rongxuan 等人提出的多层结构 FBAR

2019 年，中国电子科技集团有限公司二十六所的彭华东等人[47] 采用中频磁控溅射的方式，在硅基底上制备了应用于 X 波段的 FBAR 滤波器的 AlN 压电薄膜，制得的薄膜有较好的（002）面取向，如图 1.21 所示。

电子科技大学的杨欣航[48] 对压电薄膜的制备技术展开了详细研究，系统性地研究了溅射功率、溅射气压及溅射气体流量比对薄膜成膜质量与成绩速率的关系，发现较高的溅射功率，较低的溅射气压及较低的 Ar 气含量有利于薄膜取得（002）择优取向、较低的薄膜表面粗糙度与较高的沉积速率。

沈阳理工大学的孙莹盈等人[49] 为了优化 ZnO 压电薄膜结构，提高其输出电压值，采用磁控溅射法进行制备并对其晶向结构进行表征，制备的 ZnO 纳米薄膜表面成型质量较好，衍射峰（002）向择优取向方向生长。增大振子长度、减小宽度及选取适合的厚度能够提高输出电压。

华南理工大学的衣新燕[50] 为了克服溅射 AlN 质量难以进一步提高的瓶颈，

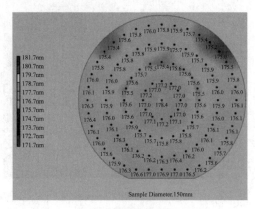

(a) AlN薄膜厚度分布

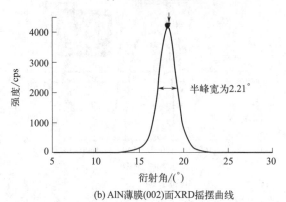

(b) AlN薄膜(002)面XRD摇摆曲线

图1.21　彭华东等人制备的 AlN 压电薄膜

设计了一种结合 MOCVD 和 PVD 技术的两步生长方法，在硅基底上生长了摇摆曲线半峰宽为 0.68° 的高质量 AlN 薄膜。

白晓圆[51] 基于离子注入剥离技术进行了两种不同切向 LN 单晶薄膜的制备，重点验证了该工艺对 Y 切不同旋转角度 LN 薄膜制备的适用性和兼容性，同质衬底制备 LN 单晶薄膜的界面应力分析如图 1.22 所示。

综合对比国内外企业、科研机构以及各个高校对 FBAR 滤波器的研究进程，可得到结果如表 1.2 所示。由于 FBAR 技术的领先性，国外掌握该技术的国家对其进行了封锁，而国内相关研究起步较晚，对于 FBAR 滤波器的中心频率、插入损耗和频率温度系数等方面与国外研究存在一定的差距。目前对于 FBAR 器件中薄膜的制备工艺依然不够完善，主要集中于各高校及研究所的实验室研究中，投入量产依然有较大的困难，困难主要集中于设备的精度以及操作员的操作技术等方面。

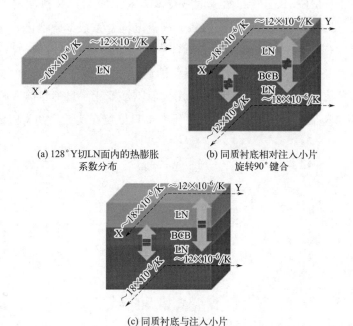

(a) 128°Y切LN面内的热膨胀
系数分布

(b) 同质衬底相对注入小片
旋转90°键合

(c) 同质衬底与注入小片
同方向键合

图 1.22   同质衬底制备 LN 单晶薄膜的界面应力分析

表 1.2   目前 FBAR 滤波器国内外产品综合水平

指标	国内水平	国外水平
中心频率/MHz	≤5000	≤9100
插入损耗/dB	1.5~3	0.8~2.5
TCF/($\times 10^{-6}$/℃)	-26	± 2

综上所述，FBAR 器件及滤波器将朝着如下几个方向发展：①精确的谐振频率，缓解商用通信频段现有的拥挤，从而使得滤波器的通带范围拓宽化，使得更多的数据量得以通过。②提高 FBAR 的 Q 值与机电耦合系数，研究其影响因素以及控制机理。器件的膜层厚度、谐振区面积以及膜层材料对滤波器的这两个性能均有影响。③降低插损，通过研究 FBAR 谐振器的品质因数与机电耦合系数从而优化谐振器性能，则其滤波器的插入损耗也可得到一定的改善。④提高稳定性，探究温度对器件频率影响的规律，提出温度补偿的有效解决措施。⑤优化滤波器的拓扑结构，提高滤波器的集成性，使其尺寸进一步微型化，同时优化滤波器的插入损耗、通带纹波、带宽等指标。⑥设计 FBAR 各膜层的制备工艺，提升各膜层的稳定性以及 FBAR 器件的性能，完善相关的 MEMS 工艺。

以体声波、MEMS 工艺和集成电路技术为基础的 FBAR 滤波器汇集了多个学科的知识，具有低插损、高品质因数、高机电耦合系数、微型化、高频工作性能优良、能与 CMOS 工艺集成等优点，能满足当下移动网络通信的高频、微型、宽带宽的要求。相比于国外的研究进程，国内对 FBAR 技术的理论知识掌握不够完整、研发技术不够成熟、对相关应用扩展不够宽泛，虽然目前一些国内企业也在研发 FBAR 器件，但大部分的相关研究也只停留在实验室探索阶段。

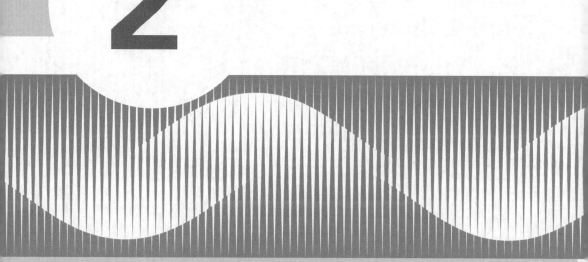

第2章　压电薄膜体声波谐振器
与滤波器设计基本理论

FBAR 是一种基于材料压电效应的器件，本章主要就压电效应及声波传输理论进行阐述，为后续介绍 FBAR 的工作原理及电学阻抗模型的建立打下基础。而后介绍了常见的三种 FBAR 结构，对表征 FBAR 器件的常见性能指标进行说明。最后基于 FBAR 单元设计滤波器的相关理论进行介绍，分析了 FBAR 滤波器的工作原理，为后续的 FBAR 单元及滤波器的设计与优化夯实基础。

2.1　压电效应与压电方程

2.1.1　压电效应

　　压电材料的压电现象表现为电能与机械能的相互转换，具体可以分为两种，正压电效应与逆压电效应。简单而言，晶体的压电性取决于其结构的对称性，对称性低的晶体具有压电特性[52]。当不存在外力作用在材料上时，材料处于不带电的状态，但若此时存在外力的挤压或是拉伸作用，材料内部的正负离子则会出现相对的运动，使得正负电荷中心不再重合，晶体在宏观上出现极化现象，从而在压电材料的上下表面聚集不同电性的电荷，最终通过外部电路形成电流，该过程为正压电效应，如图 2.1 所示。

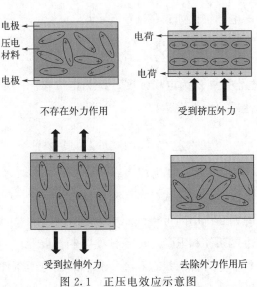

图 2.1　正压电效应示意图

反之，若在压电材料上施加交变的射频电压，材料内部产生极化，材料内部的电偶极子在电场的作用下，产生内应张力，从而发生相对的运动，导致压电材料产生一定的形变，该过程称为逆压电效应，如图 2.2 所示。

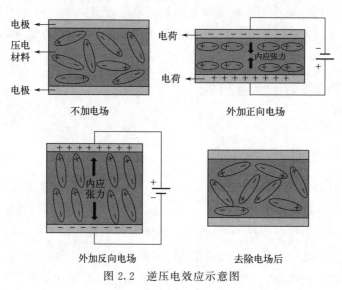

图 2.2　逆压电效应示意图

2.1.2　压电方程

表征晶体介质的电学特性如式(2-1) 所示：

$$D_m = \sum_{n=1}^{3} \varepsilon_{mn} E_n, m = 1, 2, 3 \tag{2-1}$$

式中，ε 为介电常数；E 为电场强度；D 为电位移。

表征晶体弹性性质的力学表达如式(2-2) 所示：

$$T_i = \sum_{j=1}^{3} c_{ij} S_j, i = 1, 2, 3, 4, 5, 6 \tag{2-2}$$

式中，c 为弹性刚度系数；T 为应力张量；S 为应变张量。

表征晶体的压电性质是利用式(2-1) 和式(2-2) 中 E、D、T、S 四个变量，衡量四个变量之间的相互作用即可得到压电方程。

实际上，机械边界条件和电学边界条件始终制约着器件。这两种条件都分别有两种状态，机械条件分为自由状态和夹持状态，而电学条件则分为短路状态和开路状态。以上四种状态互相结合，即能组合出四种不同的工作情境，每种情境都对应一个特定的压电方程，因此就会有四类压电方程，四类边界条件分别如下。

（1）电学边界条件

短路：两电极间外电路的电阻比压电陶瓷片的内阻小得多，可认为外电路处于短路状态。此时电极面所积累的电荷由于短路而流走，电压保持不变。它的上标用 E 表示。

开路：两电极间外电路的电阻比压电陶瓷片的内阻大得多，可认为外电路处于开路状态。此时电极上的自由电荷保持不变，电位移保持不变。它的上标用 D 表示。

（2）机械边界条件

自由：用夹具把压电陶瓷片的中间夹住，边界上的应力为零，即片子的边界条件是机械自由的，片子可以自由变形。它的上标用 T 表示。

夹紧：用刚性夹具把压电陶瓷的边缘固定，边界上的应变为零，即片子的边界条件是机械夹紧的。它的上标用 S 表示。

四类边界条件对应四类压电方程，根据不同的边界条件选择不同的压电方程。

压电方程Ⅰ——边界条件为机械自由和电学短路：T 和 E 为自变量，S 和 D 为因变量。此时器件受自由和短路条件制约，压电方程如式（2-3）所示：

$$S = s^E T + d_t E$$
$$D = dT + \varepsilon^T E$$

$$(2-3)$$

式中，d 为压电常数；ε 为介电常数；s^E 为短路弹性柔顺系数；ε^T 为应力恒定时的介电常数；d_t 为 d 的转置。第一个方程表述了正电压效应，第二个方程描述了逆压电效应。

压电方程Ⅱ——边界条件为机械夹持和电学短路：S 和 E 为自变量，T 和 D 为因变量。此时器件受夹持和短路条件制约，压电方程如式（2-4）所示：

$$T = c^E S - e_t E$$
$$D = eS + \varepsilon^S E$$

$$(2-4)$$

式中，c 为弹性刚度常数；e 为压电应力系数；c^E 为短路弹性刚度系数；ε^S 为机械夹持介电常数；e_t 为 e 的转置。

压电方程Ⅲ——边界条件为机械自由和电学开路：T 和 D 为自变量，S 和 E 为因变量。此时器件受自由和开路条件制约，压电方程如式（2-5）所示：

$$S = s^D T + g_t D$$
$$E = -gT + \beta^T D$$

$$(2-5)$$

式中，g 为压电应变常数；β 自由倒介电常数；s^D 为开路弹性柔顺系数；β^T 为恒应力作用下介质的介电隔离率，是自由介电常数 ε^T 的倒数；g_t 为 g 的转置。

压电方程 Ⅳ——边界条件为机械夹持和电学开路：S 和 D 为自变量，T 和 E 为因变量。此时器件受夹持和电学开路条件制约，压电方程如式(2-6) 所示：

$$T = c^D S - h_t D$$
$$E = -hS + \beta^S D \tag{2-6}$$

式中，h 为压电应力常数；c^D 为开路弹性刚度系数；β^S 为夹持介电隔离率；等于夹持介电常数 ε^S 的倒数；h_t 为 h 的转置。

2.2 声波传输理论

2.2.1 普通弹性体的声波传输

当普通弹性体受到应力时，其内部粒子因受力作用而偏离原有平衡位置，进而引发形变，随后伴随加速运动。这一过程的核心在于粒子位置的变动。为了量化这种弹性形变，使用下列参数，如应力 T，应变 S，质点位移 u，质点速度 v，以及弹性柔顺常数 s 和弹性刚度常数 c 等表征弹性形变过程[40]。基于麦克斯韦方程组和弹性本构方程，弹性体的声波特性可以由应变-位移方程式(2-7) 和运动方程式(2-8) 来描述：

$$S = \nabla u \tag{2-7}$$

$$\nabla \cdot \boldsymbol{T} = \rho \frac{\partial^2 u}{\partial t^2} \tag{2-8}$$

式中，S 和 T 分别为单位体积单元中的应变和应力；u 为粒子的位移；ρ 为介质的密度。

结合弹性本构方程：

$$T = \boldsymbol{c} : \boldsymbol{S} \tag{2-9}$$

质点速度 v 可从质点位移 u 导出：

$$\nabla v = \frac{\partial u}{\partial t} \tag{2-10}$$

由于晶体具有对称性，应变张量 S 是对称的；在没有扭矩作用于晶体时，

应力张量 T 也是对称的，因此式（2-9）中场变量 S 和 T 对称矩阵可以描述为：

$$S = \begin{pmatrix} S_{xx} & S_{xy} & S_{xz} \\ S_{xy} & S_{yy} & S_{yz} \\ S_{xz} & S_{yz} & S_{zz} \end{pmatrix} = \begin{bmatrix} S_1 & \frac{1}{2}S_6 & \frac{1}{2}S_5 \\ \frac{1}{2}S_6 & S_2 & \frac{1}{2}S_4 \\ \frac{1}{2}S_5 & \frac{1}{2}S_4 & S_3 \end{bmatrix} \rightarrow \begin{bmatrix} S_1 \\ S_2 \\ S_3 \\ S_4 \\ S_5 \\ S_6 \end{bmatrix} \tag{2-11}$$

$$T = \begin{pmatrix} T_{xx} & T_{xy} & T_{xz} \\ T_{xy} & T_{yy} & T_{yz} \\ T_{xz} & T_{yz} & T_{zz} \end{pmatrix} = \begin{pmatrix} T_1 & T_6 & T_5 \\ T_6 & T_2 & T_4 \\ T_5 & T_4 & T_3 \end{pmatrix} \rightarrow \begin{bmatrix} T_1 \\ T_2 \\ T_3 \\ T_4 \\ T_5 \\ T_6 \end{bmatrix} \tag{2-12}$$

相应的四阶张量弹性刚度常数也可以简化为二阶张量 c_{KL}。

将式（2-9）和式（2-10）代入式（2-8），对 t 求导得：

$$\nabla \cdot c : \frac{\partial S}{\partial t} = \rho \frac{\partial^2 v}{\partial t^2} \tag{2-13}$$

化简得：

$$\nabla \cdot c : \nabla v = \rho \frac{\partial^2 v}{\partial t^2} \tag{2-14}$$

式（2-14）为三维波动方程，以矩阵的形式描述为：

$$V_{iK} \cdot c_{KL} : V_{Lj} v_j = \rho \frac{\partial^2 v_i}{\partial t^2} \tag{2-15}$$

引入散度算子 $\nabla \cdot$ 表示为：

$$\nabla \cdot \rightarrow V_{iK} = \begin{bmatrix} \dfrac{\partial}{\partial x} & 0 & 0 & 0 & \dfrac{\partial}{\partial z} & \dfrac{\partial}{\partial y} \\ 0 & \dfrac{\partial}{\partial y} & 0 & \dfrac{\partial}{\partial z} & 0 & \dfrac{\partial}{\partial x} \\ 0 & 0 & \dfrac{\partial}{\partial z} & \dfrac{\partial}{\partial y} & \dfrac{\partial}{\partial x} & 0 \end{bmatrix} \tag{2-16}$$

对称梯度算子 ∇ 表示为：

$$\nabla \rightarrow \boldsymbol{V}_{Lj} = \begin{bmatrix} \dfrac{\partial}{\partial x} & 0 & 0 \\[2mm] 0 & \dfrac{\partial}{\partial y} & 0 \\[2mm] 0 & 0 & \dfrac{\partial}{\partial z} \\[2mm] 0 & \dfrac{\partial}{\partial z} & \dfrac{\partial}{\partial y} \\[2mm] \dfrac{\partial}{\partial z} & 0 & \dfrac{\partial}{\partial x} \\[2mm] \dfrac{\partial}{\partial y} & \dfrac{\partial}{\partial x} & 0 \end{bmatrix} \tag{2-17}$$

考虑到外力为 0 以及沿任意方向的均匀平面波，令传播方向的余弦为 (l_x, l_y, l_z)，那平面声波沿方向 $l = l_x i + l_y j + l_z k$ 传播，粒子传播速度可以表示为：

$$v = A_i \exp\{j[\omega t - k(l_x x + l_y y + l_z z)]\} \tag{2-18}$$

式中，ω 是角频率；$k = 2\pi/\lambda$，为波数；A_i 为声波在传播时的方向振幅。

由式（2-16）和式（2-17），$\boldsymbol{V}_{iK}$ 和 $\boldsymbol{V}_{Lj}$ 分别用 $-jkl_{ik}$ 和 $-jkl_{Lj}$ 替代，如式（2-19）和式（2-20）所示：

$$-jk\boldsymbol{l}_{iK} = -jk \begin{bmatrix} l_x & 0 & 0 & 0 & l_z & l_y \\ 0 & l_z & 0 & 0 & 0 & l_x \\ 0 & 0 & l_z & l_y & l_x & 0 \end{bmatrix} \tag{2-19}$$

$$-jk\boldsymbol{l}_{Lj} = -jk \begin{bmatrix} l_x & 0 & 0 \\ 0 & l_y & 0 \\ 0 & 0 & l_z \\ 0 & l_x & l_y \\ l_z & 0 & l_x \\ l_y & l_x & 0 \end{bmatrix} \tag{2-20}$$

联合式（2-15）和式（2-18）计算可以得到：

$$k^2 (\boldsymbol{l}_{ik} \boldsymbol{c}_{KL} \boldsymbol{l}_{Lj}) v_j = \rho\omega^2 v_i \tag{2-21}$$

式（2-21）称为克里斯托费尔（Christoffel）方程，其矩阵形式为：

$$k^2 \begin{pmatrix} \Gamma_{11} & \Gamma_{12} & \Gamma_{13} \\ \Gamma_{21} & \Gamma_{22} & \Gamma_{23} \\ \Gamma_{31} & \Gamma_{32} & \Gamma_{33} \end{pmatrix} \begin{bmatrix} v_x \\ v_y \\ v_z \end{bmatrix} = \rho \omega^2 \begin{bmatrix} v_x \\ v_y \\ v_z \end{bmatrix} \tag{2-22}$$

其中，矩阵

$$\boldsymbol{\Gamma}_{ij} = l_{iK} \boldsymbol{c}_{KL} l_{Lj} \tag{2-23}$$

式(2-23)称为 Christoffel 矩阵，其矩阵元素与声波在固体中的传播方向以及弹性刚度常数 c 相关。

FBAR 电极层材料如 Al、Mo、Au、W 等，可以看作是普通弹性材料，而且多数为立方体结构。立方结构晶体的弹性刚度矩阵如式(2-24)所示：

$$\boldsymbol{c} = \begin{bmatrix} c_{11} & c_{12} & c_{12} & 0 & 0 & 0 \\ c_{12} & c_{11} & c_{12} & 0 & 0 & 0 \\ c_{12} & c_{12} & c_{11} & 0 & 0 & 0 \\ 0 & 0 & 0 & c_{44} & 0 & 0 \\ 0 & 0 & 0 & 0 & c_{44} & 0 \\ 0 & 0 & 0 & 0 & 0 & c_{44} \end{bmatrix} \tag{2-24}$$

其中，

$$c_{44} = \frac{1}{2}(c_{11} - c_{12}) \tag{2-25}$$

将式(2-24)和式(2-25)代入式(2-21)中，可以求得弹性材料的 Christoffel 方程为：

$$\begin{pmatrix} k^2[c_{11}l_x^2 + c_{44}(1-l_x^2)] & k^2[(c_{12}+c_{44})l_x l_y] & k^2[(c_{12}+c_{44})l_x l_z] \\ k^2[(c_{12}+c_{44})l_x l_y] & k^2[c_{11}l_y^2 + c_{44}(1-l_y^2)] & k^2[(c_{12}+c_{44})l_y l_z] \\ k^2[(c_{12}+c_{44})l_x l_z] & k^2[(c_{12}+c_{44})l_y l_z] & k^2[c_{11}l_z^2 + c_{44}(1-l_z^2)] \end{pmatrix} \begin{bmatrix} v_x \\ v_y \\ v_z \end{bmatrix}$$

$$= \rho \omega^2 \begin{bmatrix} v_x \\ v_y \\ v_z \end{bmatrix}$$

$$\tag{2-26}$$

当式(2-26)的矩阵系数的行列式为零时，Christoffel 方程存在非零解。假设某一立方晶体的声波传播方向定义为沿晶轴 z 方向，即 $l = \hat{z}(l_x = 0, l_y = 0, l_z = 1)$，则式(2-26)可简化为：

$$\begin{pmatrix} c_{44} & 0 & 0 \\ 0 & c_{44} & 0 \\ 0 & 0 & c_{11} \end{pmatrix} \begin{bmatrix} v_x \\ v_y \\ v_z \end{bmatrix} = \rho\omega^2 \begin{bmatrix} v_x \\ v_y \\ v_z \end{bmatrix} \tag{2-27}$$

求解式（2-27）得：

$$\begin{cases} c_{44} u_1 = \rho\omega^2 v_x \\ c_{44} u_2 = \rho\omega^2 v_y \\ c_{11} u_3 = \rho\omega^2 v_z \end{cases} \tag{2-28}$$

由式（2-28）可知，在晶体中沿 z 轴传播的平面波有三种。第一种为剪切模，其沿 z 轴方向传播，x 轴方向为波的极化方向，速度为：

$$v_{s1} = \sqrt{c_{44}/\rho} \tag{2-29}$$

第二种也为剪切模，其沿 z 轴方向传播，y 轴方向为波的极化方向，速度为：

$$v_{s2} = \sqrt{c_{44}/\rho} \tag{2-30}$$

第三种是纵模，其沿 z 轴方向传播，速度为：

$$v_l = \sqrt{c_{11}/\rho} \tag{2-31}$$

2.2.2 压电体的声波传输

跟电磁波相比，压电器件的尺寸要远小于其波长，因此耦合电磁场可等效为静电场。关于电势梯度的函数可以由电场强度改写而成，如式（2-32）所示：

$$E = -\nabla\phi \tag{2-32}$$

将式（2-32）代入式（2-8），得式（2-33）：

$$\nabla \cdot \mathbf{c}^E : \mathbf{S} + \nabla \cdot \mathbf{e} \cdot \nabla\phi = \rho\frac{\partial v}{\partial t} \tag{2-33}$$

将式（2-33）对时间 t 求导，得式（2-34）：

$$\nabla \cdot \mathbf{c}^E : \frac{\partial \mathbf{S}}{\partial t} + \nabla \cdot \mathbf{e} \cdot \nabla\frac{\partial \phi}{\partial t} = \rho\frac{\partial^2 v}{\partial t^2} \tag{2-34}$$

将式（2-10）代入式（2-34）得式（2-35）：

$$\nabla \cdot \mathbf{c}^E : \nabla v + \nabla \cdot \mathbf{e} \cdot \frac{\partial \phi}{\partial t} = \rho\frac{\partial^2 v}{\partial t^2} \tag{2-35}$$

压电材料本身没有自由电荷，因为它是绝缘体，所以式（2-4）中电位移的散度为 0，即

$$\nabla \cdot \boldsymbol{D} = \nabla \cdot \boldsymbol{e} : \boldsymbol{S} - \nabla \cdot \boldsymbol{\varepsilon}^S \cdot \nabla \phi = 0 \tag{2-36}$$

将式(2-36)对时间 t 求导得：

$$\nabla \cdot \boldsymbol{e} : \frac{\partial \boldsymbol{S}}{\partial t} = \nabla \cdot \boldsymbol{\varepsilon}^S \cdot \nabla \frac{\partial \phi}{\partial t} \tag{2-37}$$

式(2-35)和式(2-37)称为压电材料中电磁场与声场耦合的耦合波动方程。它们可以写成矩阵，形式如下：

$$\boldsymbol{V}_{iK} \boldsymbol{c}_{KL}^E \ \boldsymbol{V}_{Lj} \boldsymbol{v}_j + \boldsymbol{V}_{iK} \boldsymbol{e}_{Kj} \ \boldsymbol{V}_j \frac{\partial \phi}{\partial t} = \rho \frac{\partial^2 \boldsymbol{v}_i}{\partial t^2} \tag{2-38}$$

$$\boldsymbol{V}_i \boldsymbol{\varepsilon}_{ij}^S \ \boldsymbol{V}_j \frac{\partial \phi}{\partial t} = \boldsymbol{V}_i \boldsymbol{e}_{iL} \ \boldsymbol{V}_{Lj} \boldsymbol{v}_j \tag{2-39}$$

基于平面波的 $\exp[j(\omega t - kl \cdot r)]$ 形式，可以将式(2-38)和式(2-39)简化为：

$$k^2 (\boldsymbol{l}_{iK} \boldsymbol{c}_{KL}^E \boldsymbol{l}_{Lj}) \boldsymbol{v}_j + j \omega q^2 (\boldsymbol{l}_{iK} \boldsymbol{e}_{Kj} \boldsymbol{l}_j) \phi = \rho \omega^2 \boldsymbol{v}_i \tag{2-40}$$

$$j\omega (\boldsymbol{l}_i \boldsymbol{\varepsilon}_{ij}^S \boldsymbol{l}_j) \phi = (\boldsymbol{l}_i \boldsymbol{e}_{iL} \boldsymbol{l}_{Lj}) \boldsymbol{v}_j \tag{2-41}$$

其中，算符 $\boldsymbol{V}_{ik}$、$\boldsymbol{V}_{Lj}$、$\boldsymbol{V}_i$、$\boldsymbol{V}_j$ 可以被简化为 $-jkl_{ik}$、$-jkl_{Lj}$、$-jkl_i$、$-jkl_j$，向量 $\boldsymbol{l}_i = [l_x, l_y, l_z]$，$\boldsymbol{l}_i = [l_x, l_y, l_z]^T$。由式(2-41)可以得到电势为：

$$\phi = \frac{1}{j\omega} \frac{\boldsymbol{l}_i \boldsymbol{e}_{iL} \boldsymbol{l}_{Lj}}{\boldsymbol{l}_i \boldsymbol{\varepsilon}_{ij} \boldsymbol{l}_j} \boldsymbol{v}_j \tag{2-42}$$

将式(2-42)代入式(2-40)可得：

$$k^2 \left(\boldsymbol{l}_{iK} \left\{ \boldsymbol{c}_{KL}^E + \frac{[\boldsymbol{e}_{Kj} \boldsymbol{l}_j][\boldsymbol{l}_i \boldsymbol{e}_{iL}]}{\boldsymbol{l}_i \boldsymbol{\varepsilon}_{ij}^S \boldsymbol{l}_j} \right\} \boldsymbol{l}_{Lj} \right) \boldsymbol{v}_j = \rho \omega^2 \boldsymbol{v}_i \tag{2-43}$$

通常情况下，体声波谐振器中的压电材料为六方晶体，压电晶系的弹性刚度常数表示如式(2-44)所示：

$$\boldsymbol{c}^E = \begin{bmatrix} c_{11}^E & c_{12}^E & c_{13}^E & 0 & 0 & 0 \\ c_{12}^E & c_{11}^E & c_{13}^E & 0 & 0 & 0 \\ c_{13}^E & c_{13}^E & c_{11}^E & 0 & 0 & 0 \\ 0 & 0 & 0 & c_{44}^E & 0 & 0 \\ 0 & 0 & 0 & 0 & c_{44}^E & 0 \\ 0 & 0 & 0 & 0 & 0 & \frac{1}{2}(c_{11}^E - c_{12}^E) \end{bmatrix} \tag{2-44}$$

压电应力常数的形式如下：

$$e = \begin{bmatrix} 0 & 0 & 0 & 0 & e_{x5} & 0 \\ 0 & 0 & 0 & e_{x5} & 0 & 0 \\ e_{z1} & e_{z2} & e_{z3} & 0 & 0 & 0 \end{bmatrix} \tag{2-45}$$

夹持介电常数形式如下：

$$\varepsilon^S = \begin{bmatrix} \varepsilon_{xx}^S & 0 & 0 \\ 0 & \varepsilon_{xx}^S & 0 \\ 0 & 0 & \varepsilon_{zz}^S \end{bmatrix} \tag{2-46}$$

当压电体内的声波沿着纵轴传播时，假设 z 轴与压电晶体的纵轴平行，因此波传播方向的矢量为 $l = l_{zz}$，质点的运动速度如式(2-47) 所示：

$$v = v_z z = z \left[v_{z0}^+ e^{j(\omega t - kz)} + v_{z0}^- e^{j(\omega t + kz)} \right] \tag{2-47}$$

其中，v_{z0}^+ 与 v_{z0}^- 表示在 z 轴上正负两个方向的振幅。类比于普通弹性体的 Christoffel 方程的推导过程，可得到特征方程：

$$\left[\left(\frac{k}{\omega} \right)^2 \left(c_{33}^E + \frac{e_{z3}^2}{\varepsilon_{zz}^S} \right) - \rho \right] \left[\left(\frac{q}{\omega} \right)^2 c_{44} - \rho \right]^2 = 0 \tag{2-48}$$

由此进一步可得到：

$$\begin{cases} \left(\frac{k}{\omega} \right)^2 \left(c_{33}^E + \frac{e_{z3}^2}{\varepsilon_{zz}^S} \right) - \rho = 0 \\ \left(\frac{q}{\omega} \right)^2 c_{44} - \rho = 0 \end{cases} \tag{2-49}$$

对式(2-49) 求解可以得到该方程的三个解分别是：

$$\begin{cases} v_1 = \frac{\omega}{k} = \sqrt{\dfrac{c_{33}^E + e_{z3}^2 / \varepsilon_{zz}^S}{\rho}} \\ v_2 = v_3 = \frac{\omega}{q} = \sqrt{\dfrac{c_{44}}{\rho}} \end{cases} \tag{2-50}$$

式(2-50) 得到三个解，这三个解分别代表了压电体内不同类型的波动速度。

v_1 是晶体内部纵向声波传播的相速度，纵波的特点是质点的振动方向与传播方向一致。其波速不仅受到晶体的弹性常数影响，还与晶体的介电性和压电性密切相关，在 FBAR 的研究中，纵波的特性尤为重要，因为纵波主要是由压电性激发出的，以此来实现其功能。v_2 与 v_3 是压电体内剪切波的相速度，剪切波的质点振动方向与传播方向是垂直的。更具体地说，v_2 与 v_3 所对应的两个剪切波的振动方向是互相垂直的，这意味着它们在压电体内以不同的方式传播。另外，v_2 与 v_3 的波速与材料的压电性无关。

2.3　FBAR 的工作原理及结构

2.3.1　FBAR 的工作原理

FBAR 由两个金属电极材料组成的上下电极层、压电材料构成的压电薄膜层、支撑层以及基底组成。其中的压电薄膜是器件的核心结构层，通过先进的MEMS 工艺，由多个膜层组成"三明治"结构[53]。FBAR 是基于压电薄膜层的正、逆压电效应进行工作的，当施加交变射频电压在 FBAR 的上下电极层时，由于压电薄膜的逆压电效应，产生随着电场变化的机械膨胀、收缩运动，从而在器件的内部形成振动，如图 2.3 所示。压电薄膜的振动能够激励产生沿薄膜纵向传播的体声波，当声波传播到两个电极层与空气层的交界面处时，由于空气的声阻抗与电极薄膜层材料的声阻抗相差甚大，会使声波在其中上下反射，并在薄膜内形成驻波振荡，此时整个器件的损耗很低，并且能将振动的机械能转化成电能[54]。

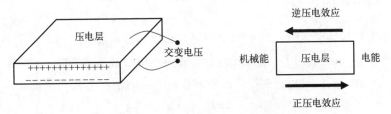

图 2.3　FBAR 工作原理示意图

当声波传播的距离为半波长的奇数倍时，压电层内部形成驻波，从而产生谐振，使特定频率的声波通过。在理想状态下，谐振频率可以表示为：

$$f = (n+1)\frac{v}{2d} \tag{2-51}$$

式中，n 为从零开始的正整数；v 为产生的纵波声速；d 为薄膜厚度。由此可得，谐振频率与纵波声速成正比，与薄膜厚度成反比。

谐振时，压电层内部纵波的传输模式如图 2.4 所示，图中采用曲线表示波的振动状态，当 $n=0$ 时，即图中所示的第一个状态，为基频谐振状态，如图 2.5所示。

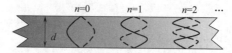

图 2.4　压电层中纵波谐振模式

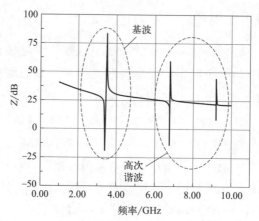

图 2.5　FBAR 的谐振频率示意图

2.3.2　FBAR 的结构

压电薄膜振动时，激励出沿着薄膜纵向传播的体声波，当体声波传输到顶电极与外界空气接触的一面，以及底电极与外界空气接触的一面时，由于在理想状态下，空气的声阻抗可以近似为 0，使声波在"三明治"结构的换能器中进行上下反射。但在实际的工程应用中，往往将换能器结构通过 MEMS 工艺中的磁控溅射以及气相沉积等方法制备于晶圆上。为保证声波能被完全地限制在薄膜内部，其中器件的上表面的外侧已经与空气接触，声波无法泄漏，而下侧则与基底连接，需要采取相应措施限制声波的泄漏。

根据声波的传输线理论，当声波从声阻抗为 Z_1 的介质中传到声阻抗为 Z_2 的介质材料中时，声波的反射率为：

$$r = \frac{Z_2 - Z_1}{Z_2 + Z_1} \tag{2-52}$$

如果 Z_2 为零，声波就将发生全反射；声波如果发生多次反射，也可以达到近似全反射的效果。目前对于微声波膜谐振器的下表面的设计主要有三种结构，分别是：背刻蚀型[55]、空腔型[56]、固态装配型[57]。FBAR 常见的三种结构如图 2.6 所示。

(a) 空腔型　　　　　　　　　　(b) 背刻蚀型　　　　　　　　(c) 布拉格反射层型

　▇ 电极层　　▇ 压电层　　▇ 支撑层　　▇ 高声阻抗层　　▇ 低声阻抗层　　▇ 基底

图 2.6　FBAR 常见的三种结构

2.4　FBAR 的主要性能指标

　　压电谐振器，作为一种机电换能器，在谐振频率上能够实现电能与机械能的相互转换。这种转换是通过压电材料中的应力与电场之间的双向耦合来实现的[49]。在谐振器内部，机械能与通过金属电极施加的电能不断在势能与动能之间进行转换，这种转换过程在每个振动周期内都在重复进行，如图 2.7 所示。压电谐振器的整体性能，实际上是由这两种能量转换机制共同决定的。为了量化谐振器中能量转换的效率，因此提出最关键的两个指标，分别是品质因数和机电耦合系数。

图 2.7　压电谐振器中的能量流动示意图

2.4.1　品质因数

　　品质因数 Q 值是器件中存储的能量与该器件在一个周期内消耗的功率的比值，主要用于衡量器件的损耗[16]。对于 FBAR 器件而言，损耗主要包括声波衰减、泄漏以及电气损耗。衰减损耗是声波自身的特性，在传输中会存在部分能量转化为热能而散失的情况。声波泄漏则是 FABR 在工作中会激发出纵波和剪切波，剪切波需要尽可能被抑制，当然这与材料本身的性能以及加工工艺也存在关系。电气损耗则是电极及引出线部分与谐振器主体间连接存在的损耗。对于值的表征可以采用如下的方法。

（1）阻抗相位微分法

$$Q=Q_{s/p}=\frac{f_{s/p}}{2}\left|\frac{\mathrm{d}\varphi_z}{\mathrm{d}f}\right|_{f_{s/p}} \tag{2-53}$$

式中，f_p 是 FBAR 的并联谐振频率值；f_s 是串联谐振频率值；φ_z 为阻抗的相位，Q_s 与 Q_p 分别为串、并联谐振频率点处的品质因数。使用射频仿真软件 ADS 时，在 Trace options 内的 Trace Expression 中键入 "abs(diff(phaserad (Z)))" 即可获得相应的相位微分，Z 为 FBAR 的阻抗求值函数。将相位微分与频率的一半相乘，即可得到 FBAR 的品质因数，用此方法需要大量的数据点用于计算，在实际的工程测量中应用十分不便。

（2）3dB 带宽法

$$Q=\frac{f_0}{BW_{3\mathrm{dB}}} \tag{2-54}$$

式中，$BW_{3\mathrm{dB}}$ 是 3dB 带宽；f_0 为谐振频率。相对而言，此类方法计算简便，但误差较大，可以在要求不高的情况下采用。

（3）S 参数最小值求解法

$$Q=\frac{\dfrac{f_s}{f_p}}{1-\left(\dfrac{f_s}{f_p}\right)^2}\sqrt{\frac{(1-|S_{21\min}|)(1-|S_{11\min}|)}{|S_{21\min}||S_{11\min}|}} \tag{2-55}$$

式中，$S_{11\min}$ 和 $S_{21\min}$ 为 S 参数衰减幅度最小值，即谐振频率处的损耗值。该方法的精度最高，但在计算式中涉及器件的反射系数 S_{11} 和放大系数 S_{21}，该计算法在一定程度上也会受到设置的频率步长的影响[58]。

2.4.2　有效机电耦合系数

机电耦合系数（K_{eff}^2）可以分为两种：一种是压电材料本身的机电耦合系数，表征该材料的压电转换能力[59,60]；另一种是有效机电耦合系数，它适用于表征压电器件，例如本文研究的 FBAR 器件，同样也是用于表示该器件机械能与电能的转化能力。毋庸置疑，由机电耦合系数高的材料制成的器件的有效机电耦合系数也会更加优异，理论计算公式如下：

$$K_{\mathrm{eff}}^2=\frac{\pi^2}{4}\left(\frac{f_p-f_s}{f_p}\right) \tag{2-56}$$

由前述可推知，FBAR 器件的压电层的材料一旦确定，则该器件的 K_{eff}^2 最大值也随之确定。但是在加工过程中，由于各膜层厚度以及加工工艺的影响，实际值往往与理论值存在差异。

在实际的 FBAR 器件设计过程中，FBAR 器件的 Q 值与 K_{eff}^2 需要综合考虑，而这两者之间有着一定的联系。若对 FBAR 器件的 Q 值要求较高时，可以通过适当牺牲器件的 K_{eff}^2，以换取 Q 值的大幅度提升，但却不可通过牺牲 Q 值以换取 K_{eff}^2 的提升。

2.5 FBAR 滤波器理论

2.5.1 二端口网络

滤波器在设计的过程中，隶属于二端口网络设计范畴。滤波器可以在一段频率带宽中，保证部分所需要的信号可以无障碍地传输，并且抑制该频段中所不被需要的信号不通过或者对信号进行衰减，从而实现相应的信号响应。目前滤波器主要可以分为四类，包括带通滤波器、带阻滤波器、低通滤波器、高通滤波器。

典型的滤波器为二端口网络，即存在输入与输出的两个端口。二端口网络示意图如图 2.8 所示。其中的 a_1 与 a_2 分别表示输入与输出端口的入射波（可能是电压或电流形式），b_1 与 b_2 分别表示输入与输出端口的反射波（可能是电压或电流形式），V_1 与 V_2 表示端口 1 与端口 2 的入射电压，I_1 与 I_2 表示端口 1 与端口 2 的入射电流。

图 2.8　二端口网络示意图

对于二端口网络的固有属性分析，主要是从阻抗矩阵、导纳矩阵以及散射矩阵三方面开展。这三者之间并不是完全地相互独立，在给定一些条件下，三者可以通过相互转换计算求得。其中的散射矩阵是在二端口网络的分析中使用最为频繁的，因为散射矩阵可以通过微波测量仪器直接测量得到，例如矢量网络分析仪等。因此着重介绍散射矩阵的相关理论。

根据如图 2.8 所示的端口，分析入射波 a_1 与 a_2 以及反射波 b_1 与 b_2，可以得到二端口网络的传输特性，传输特性用传输系数 $\boldsymbol{S}$ 表示[61]：

$$S_{11}=\frac{b_1}{a_1}\bigg|_{a_2=0}, \quad S_{21}=\frac{b_2}{a_1}\bigg|_{a_2=0}, \quad S_{22}=\frac{b_2}{a_2}\bigg|_{a_1=0}, \quad S_{12}=\frac{b_1}{a_2}\bigg|_{a_1=0} \quad (2\text{-}57)$$

式中，S_{12} 为端口 1 匹配时的反向传输系数；S_{21} 为端口 2 匹配时的正向传输系数；S_{11} 为端口 2 匹配时，端口 1 处的反射系数；S_{22} 为端口 1 匹配时，端口 2 处的反射系数；$a_n=0$，则表示此时 n 端口达到完全匹配，没有反射，表示该端口应接上匹配的负载，通常情况下，负载值为 50Ω。式（2-57）同样也可以用矩阵形式表达：

$$\begin{bmatrix} b_1 \\ b_2 \end{bmatrix} = \begin{bmatrix} S_{11} & S_{12} \\ S_{21} & S_{22} \end{bmatrix} \begin{bmatrix} a_1 \\ a_2 \end{bmatrix} \quad (2\text{-}58)$$

$\boldsymbol{S}$ 参数通常表现为复数形式，可以通过实虚部量值的直角坐标系表示，同样也能用其幅值和相位表示，但大部分情况下，通常选用对数形式表示，用 dB 值表示幅度：

$$20\log|S_{ij}|\,\text{dB} \quad i,j=1,2 \quad (2\text{-}59)$$

上述的 $\boldsymbol{S}$ 参数散射矩阵是对普通的二端口网络的传输特性的描述，但在实际的应用场景中，往往是多个二端口网络级联组成一个集总的二端口网络，此时上述的简单 $\boldsymbol{S}$ 参数散射矩阵的得到就会十分不容易，若此时引入 A、B、C、D 进行运算就会便利得多，其中 A、B、C、D 参数定义如下：

$$A=\frac{V_1}{V_2}\bigg|_{I_2=0}, \quad B=\frac{V_1}{I_2}\bigg|_{V_2=0}, \quad C=\frac{I_1}{V_2}\bigg|_{I_2=0}, \quad D=\frac{I_1}{I_2}\bigg|_{V_2=0} \quad (2\text{-}60)$$

根据式（2-60）可得到矩阵：

$$\begin{bmatrix} V_1 \\ I_1 \end{bmatrix} = \begin{bmatrix} A & B \\ C & D \end{bmatrix} \begin{bmatrix} V_2 \\ I_2 \end{bmatrix} \quad (2\text{-}61)$$

此时，对于多个二端口网络级联形成的集总二端口网络矩阵可以表示为：

$$\begin{bmatrix} A_{\text{total}} & B_{\text{total}} \\ C_{\text{total}} & D_{\text{total}} \end{bmatrix} = \prod_{i=1}^{N} \left(\begin{bmatrix} A_i & B_i \\ C_i & D_i \end{bmatrix} \right) \quad (2\text{-}62)$$

最后根据 $\boldsymbol{S}$ 参数矩阵与 $ABCD$ 之间的转换关系，从而实现两者之间的任意转换[62]。

2.5.2　通信滤波器的主要性能指标

在对滤波器设计之前，需要对滤波器的设计指标进行确定。根据用户所提出的滤波器设计指标来选择合适的滤波器电路拓扑结构，以及确定各个参数。用于表征射频 FBAR 滤波器的设计指标包括：中心频率、带宽、带内插入损耗、带内波纹、带外抑制、寄生通带、温度系数等[63,64]。

① 中心频率：通带内的中心频率，常用 f_0 表示。

② 带宽：滤波器的通带内，左右两端的插损性能下降到 3dB 时的频带宽度范围，常用 BW 表示。

$$BW_{3dB} = f_{3dB}^H - f_{3dB}^L \tag{2-63}$$

式中，f_{3dB}^H 为滤波器通带内，插损下降到 3dB 时所对应的上限频率；f_{3dB}^L 为滤波器通带内，插损下降到 3dB 时所对应的下限频率。

③ 带内插入损耗：当滤波器接入到电路中，输入的信号通过滤波器的通带时，所损失能量的大小，常用 IL 表示。

$$IL = -10\log\frac{P_{out}}{P_{in}} = -10\log(1-|\Gamma_{in}|^2) = -20\log|S_{12}| \tag{2-64}$$

式中，P_{out} 为端口的输出功率；P_{in} 为输入功率；Γ_{in} 为电压反射系数，表示在滤波器中某点处反、入射电压的比值。插入损耗的计算同样也可以用散射系数，即 S 参数进行求得。

④ 带内波纹：滤波器的通带内，用于表征带内信号响应的平坦度，常用通频带内响应的最大值减去最小值的方法计算。

⑤ 带外抑制：在通频带以外，滤波器对输入信号的抑制能力。

⑥ 寄生通带：在正常设计指标的通带频率范围外，存在伪通带，即称为寄生通带。

⑦ 频率温度系数：滤波器的频率在温度变化 1℃ 时的平均变化率，常用 TCF 表示。

2.5.3　FBAR 滤波器的原理分析

单只的 FBAR 器件并不具备滤波的功能，但若将多只的 FBAR 单元进行级联，则可实现滤波的功能。FBAR 滤波器由两个及以上的谐振单元级联而成，基础的梯形滤波器由两个 FBAR 单元级联而成，其中一个为串联 FBAR，另一个

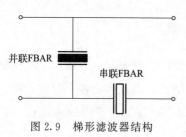

图 2.9　梯形滤波器结构

为并联 FBAR，如图 2.9 所示，黑色的是并联滤波器，白色的是串联滤波器。

其中，串联 FBAR 单元的谐振频率，要高于并联 FBAR 单元的谐振频率，如图 2.10 所示。

图中，"▲"表示为并联 FBAR 的阻抗特性曲线，"■"表示为串联 FBAR 的阻抗特性曲线，对应的下面为滤波器的频率响应曲线。a 点所示的是 FBAR 滤波器的左侧传输零点，可以见得，a 同时对应并联 FBAR 的阻抗最小的频率点，即串联谐振频率 f_{ps}，此时信号几乎全部被短接到地，此时正好对应出现滤波器的零点；b 点所示的是 FBAR 滤波器的中心频率，此时对应了并联 FBAR 的阻抗极大点，即并联谐振频率 f_{pp}，视为开路，同样也对应了串联 FBAR 的阻抗极小点，即串联谐振频率 f_{ss}，此时信号无损失地通过；c 点所示的是 FBAR 滤波器的右侧传输零点，同时对应着串联 FBAR 的阻抗极大点，即并联谐振频率 f_{sp}，此时信号无法通过[65,66]。

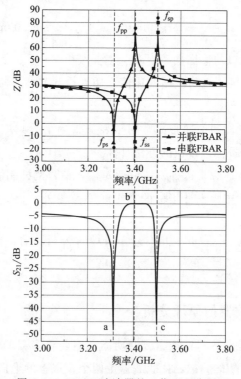

图 2.10　FBAR 滤波器的工作原理分析图

3

第3章　FBAR的电学阻抗模型建立与设计分析

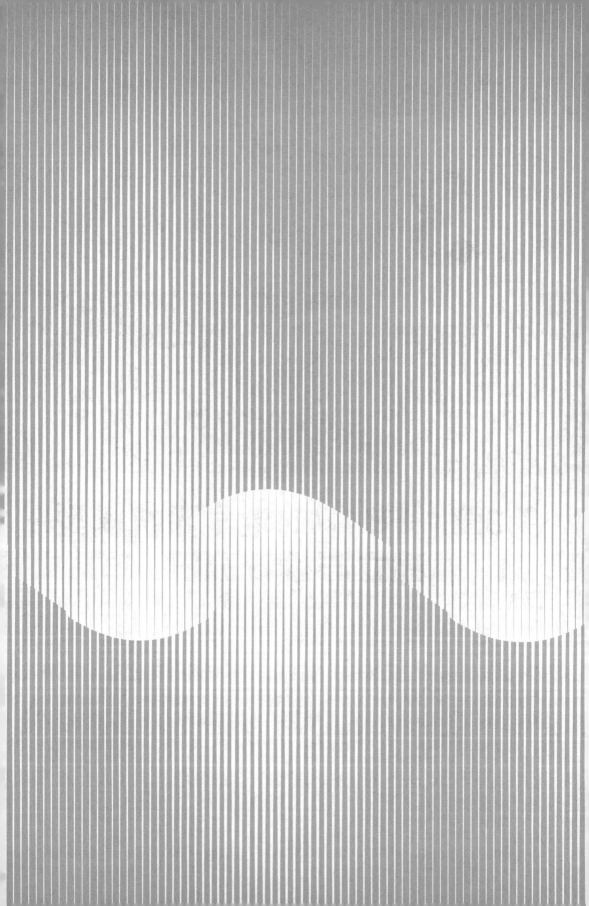

本章主要阐述 FBAR 的 Mason 模型建立与分析的过程，结合第 2 章的压电方程和六方压电晶体中声波传输的理论，进一步推导得到 FBAR 的电学阻抗表达式，由此构建 FABR 的电学阻抗模型，也称为 Mason 模型。在射频仿真 ADS 软件中通过建立该模型进行 FBAR 的底电极、顶电极、压电层的材料与厚度大小，以及有效谐振面积大小对谐振频率影响的模拟实验，初步确定 FBAR 各膜层的物理参数，为后续进行有限元模拟实验奠定基础。

3.1　FBAR 的电学阻抗模型建立

3.1.1　FBAR 复合结构下电学输入阻抗解析式

在实际的 FBAR 设计过程中，各层薄膜的厚度都不容忽略，因此对于推导复合结构下 FBAR 的电学阻抗模型十分有必要，进而更加精确地了解 FBAR 的频率响应以及性能。

以六方压电晶体为压电材料对 FBAR 谐振器进行阻抗解析式的推导，沿压电晶体的纵轴建立坐标系，如图 3.1 所示。顶电极层、压电薄膜层、底电极层的膜层厚度依次分别设置为 d_1、$2h$、d_2，并在上、下电极处施加交变电场，假设交变电场为 $2\psi_0 e^{j\omega t}$。在理想的 FBAR 情况下，它的长和宽的尺寸可以视为无限大，这样就可以仅考虑 z 方向上的电场作用。

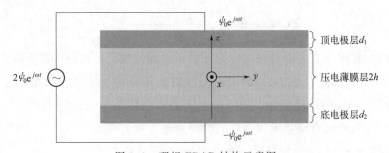

图 3.1　理想 FBAR 结构示意图

根据耦合波方程，沿 z 轴的方向传播的纵波，是由 z 轴方向的交变电场激发[19]。因此，图 3.1 的复合 FBAR 中，假设仅存在沿 z 轴传播的声波。六方压电晶体各场量的解析表达式已在第 2 章推导得出，如式(2-8)～式(2-14) 所示。

根据传输线理论，除去压电薄膜层后，任意层数的无压电性层都可以等效为一层延伸到无穷远的声学层，它的声特征阻抗与等效前的声学输入阻抗相等。如图 3.1 所示，若以压电层的中心作为坐标系的原点，则压电层与上电极层的交界面为 $z=h$ 平面，压电层与下电极层的交界面为 $z=-h$ 平面。对于任意两个相邻的声学层，接触面上的质点速度 v 和应力 T 的大小均相等。压电层上方的声学层由上电极层等效而来，压电层下方的声学层则由下电极层和其他膜层（支撑层或温补层）等效而来。图 3.2 为等效后简易的 FBAR 声学等效模型，包括压电层和上、下两个等效的声学层。压电层受交变电场的激励。从而产生纵向声波在各个膜层间传播，每个膜层都有正、负两个方向的应力与声波。

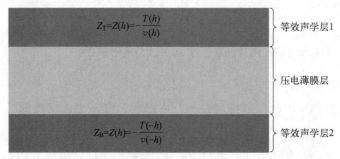

图 3.2　FBAR 声学等效模型

图中的 Z_T 与 Z_B 分别表示压电薄膜的上下两个等效声阻抗。根据传输线阻抗方程[67]，如果已知某点 x 的声阻抗，则可通过该点的声阻抗结合传输线方程得到任意一点 x_1 的声阻抗：

$$Z(x_1)=Z_0\left[\frac{Z(x)+jZ_0\tan(k_{x1}z)}{Z^c+jZ(x)\tan(k_{x1}z)}\right] \tag{3-1}$$

运用相邻声学层表面电势与应力大小相等的特性，可推导出复合结构的电学阻抗解析式。通过对式（3-1）的递推，可得到压电层上下两个等效声学层的阻抗。分析 FBAR 的结构可知，FBAR 上下表面（即上电极的外表面与下电极的外表面）均与空气直接接触，空气的阻抗近似为 0。

因此 $z=h$ 与 $z=-h$ 处的电势分别为：

$$\phi(h)=\frac{1}{j\omega}\frac{e_{z3}}{e_{zz}^S}(v_{z0}^+e^{-jqh}+v_{z0}^-e^{jqh})+(ah+b)e^{j\omega t}=\psi_0e^{j\omega t} \tag{3-2}$$

$$\phi(-h)=\frac{1}{j\omega}\frac{e_{z3}}{e_{zz}^S}(v_{z0}^+e^{jqh}+v_{z0}^-e^{-jqh})+(-ah+b)e^{j\omega t}=-\psi_0e^{j\omega t} \tag{3-3}$$

在 $z=h$ 与 $z=-h$ 处的应力分别为：

$$T_3(h) = -\frac{c_{33}^E + \dfrac{e_{z1}e_{z3}}{e_{zz}^S}}{\rho}(v_{z0}^+ e^{-jqh} + v_{z0}^- e^{+jqh})e^{j\omega t} + e_{z3}a\,e^{j\omega t} \tag{3-4}$$

$$= (v_{z0}^+ e^{-jqh} + v_{z0}^- e^{+jqh})e^{j\omega t} \cdot Z(h)$$

$$T_3(-h) = -\frac{c_{33}^E + \dfrac{e_{z1}e_{z3}}{e_{zz}^S}}{\rho}(v_{z0}^+ e^{+jqh} + v_{z0}^- e^{-jqh})e^{j\omega t} + e_{z3}a\,e^{j\omega t} \tag{3-5}$$

$$= (v_{z0}^+ e^{+jqh} + v_{z0}^- e^{-jqh})e^{j\omega t} \cdot Z(-h)$$

流经压电层表面的位移电流 I_d、压电层的表面面积 A、电位移量 D_z 之间的关系如下：

$$I_d = -A\frac{\partial D_z}{\partial t} \tag{3-6}$$

FBAR 的电学输入阻抗可粗略地表示为：

$$Z_{in} = \frac{U}{I} \tag{3-7}$$

根据压电薄膜的电学与声学特性，以及边界条件，并将交变电场 $\psi_0 e^{j\omega t}$ 代入式(3-7)，可得：

$$Z_{in} = \frac{1}{j\omega C_0}\left[1 - K_t^2\frac{\tan\theta}{\theta}\frac{(Z_T+Z_B)\cos^2\theta + j\sin2\theta}{(Z_T+Z_B)\cos2\theta + j(1+Z_TZ_B)\sin2\theta}\right] \tag{3-8}$$

式中，$\theta = qh$，为压电薄膜层的相位位移；K_t^2 为压电材料的机电耦合系数；C_0 为静态电容。

$$C_0 = \frac{e_{zz}^S A}{2h} \tag{3-9}$$

3.1.2 压电薄膜层的等效电路

将式(3-8)进一步地推导变形，可得到如下形式：

$$Z_{in} = \cfrac{1}{j\omega C_0 + \cfrac{1}{-\dfrac{1}{j\omega C_0} + N^2\left(-jZ_0\csc2\theta + \cfrac{1}{\cfrac{1}{jZ_0\tan\theta + Z_T} + \cfrac{1}{jZ_0\tan\theta + Z_B}}\right)}}$$

$$\tag{3-10}$$

其中，

$$\theta = \left(\frac{2\pi f}{v_a} - \frac{j\alpha}{8.686}\right)h \qquad (3\text{-}11)$$

$$N = \sqrt{\frac{2\theta}{K_t^2 \omega C_0 Z_0}} \qquad (3\text{-}12)$$

α 是材料的衰减因子，衰减因子的单位为 Np/m，声学损耗的单位为 dB/m。其中 8.686 为衰减因子与声学损耗之间的换算系数，1Np/m＝8.686dB/m。

根据式(3-10) 可以得到如图 3.3 所示的压电层的 Mason 等效电路，其中的 $Z_a = jZ_0\tan\theta$，$Z_c = -jZ_0\csc 2\theta$，Z_0 是压电材料的声学阻抗。压电薄膜层的机械能与电能的转化用假想的变压器代替，并且该变压器的匝数比为 $1:N$。

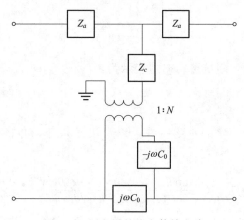

图 3.3　压电层的机电等效电路

3.1.3　普通声学层的等效电路

在 FBAR 的分析中，通常将除压电薄膜层外，其他所有膜层称为普通声学层，正如前文所提到的，Z_T 和 Z_B 分别表示为上下两个等效声学层的声阻抗，Z_T 由压电层上方的上电极层得来，Z_B 则由压电层下方的底电极层和支撑层得来。FBAR 在工作的过程中，普通声学层中同样存在声波的传输，理想情况下，只考虑纵波在器件内部的传输。

根据压电薄膜层的 Mason 等效电路，以此类推，由于普通声学层中不存在机械能与电能的转化，因此可以假设普通声学层的等效电路如图 3.4 所示。

由该模型根据电路分析相关知识，可以得到输入阻抗 Z_{in} 与其余阻抗表达式之间的等量关系，如式(3-13) 所示：

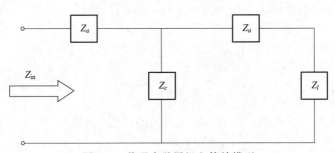

图 3.4　普通声学层机电等效模型

$$Z_{in} = \frac{(Z_l + Z_a)Z_c}{Z_l + Z_a + Z_c} + Z_a = \frac{Z_l(Z_a + Z_c) + 2Z_aZ_c + Z_a^2}{Z_l + Z_a + Z_c} \quad (3\text{-}13)$$

同时，根据传输线模型可知：

$$Z_{in} = Z_0 \left[\frac{Z_l + jZ_0 \tan(\beta d)}{Z_0 + jZ_l \tan(\beta d)} \right] \quad (3\text{-}14)$$

式中，Z_l 为负载的声阻抗；Z_0 为材料的声特征阻抗；d 为薄膜厚度；β 为声学传输系数。如若考虑声学损耗，结合式(3-11)，用 k_z 代替 β，k_z 是考虑损耗后的声学传输常数：

$$k_z = \frac{2\pi f}{v_a} - \frac{j\alpha}{8.686} \quad (3\text{-}15)$$

式中，f 为谐振频率；v_a 为压电薄膜的纵波声速；α 为压电薄膜的声学损耗。将式(3-13) 的左边提取一个 Z_0 后可得如下：

$$Z_{in} = Z_0 \frac{Z_l + \dfrac{Z_a^2 + 2Z_aZ_c}{Z_a + Z_c}}{Z_0 + \dfrac{Z_lZ_0}{Z_a + Z_c}} \quad (3\text{-}16)$$

比较式(3-14) 与式(3-16)，可得到：

$$\frac{Z_l + \dfrac{Z_a^2 + 2Z_aZ_c}{Z_a + Z_c}}{Z_0 + \dfrac{Z_lZ_0}{Z_a + Z_c}} = \frac{Z_l + jZ_0 \tan(k_z d)}{Z_0 + jZ_l \tan(k_z d)} \quad (3\text{-}17)$$

式(3-17) 等式两端分式上下的实、虚部均对应相等，由此可得为：

$$\begin{cases} \dfrac{Z_a^2 + 2Z_aZ_c}{Z_a + Z_c} = jZ_0 \tan(k_z d) \\[4mm] \dfrac{Z_0}{Z_a + Z_c} = j\tan(k_z d) \end{cases} \quad (3\text{-}18)$$

根据三角函数中的三角恒等式关系：

$$
\begin{cases}
\csc(k_z d) = \dfrac{1 + \tan^2\left(\dfrac{k_z d}{2}\right)}{2\tan\left(\dfrac{k_z d}{2}\right)} \\[4ex]
\tan(k_z d) = \dfrac{2\tan\left(\dfrac{k_z d}{2}\right)}{1 - \tan^2\left(\dfrac{k_z d}{2}\right)}
\end{cases}
$$

(3-19)

由式(3-18) 可求得 Z_a 和 Z_c：

$$
\begin{cases}
Z_a = j Z_0 \tan\left(\dfrac{k_z d}{2}\right) \\[3ex]
Z_c = -j Z_0 \csc(k_z d)
\end{cases}
$$

(3-20)

最后将式(3-20) 代入图 3.4，可以得出所假设的普通声学层的 Mason 等效电路图是正确的。

3.2 ADS 简介

ADS 全称 Advanced Design System，是 Agilent 公司推出的自动化设计软件，可用于时域、频域仿真，模拟电路、数字电路仿真，线性、非线性电路仿真，小到单独元器件的仿真，大到系统仿真、数/模混合仿真、高速链路仿真。其强大的仿真能力和较高的准确性，已经得到普遍的认可，成为业内最为流行的 EDA 软件。ADS 运行界面如图 3.5 所示。

图 3.5　ADS 运行界面

3.2.1 ADS 工作窗口

ADS 主要工作窗口包括主窗口、原理图窗口和数据显示窗口等。

（1）ADS 主窗口

ADS 主窗口主要用来进行工程和文件的创建和管理。主窗口包括菜单栏、工具栏、文件浏览区（File View）、工程管理区（Folder View）和库管理（Library View）。其中，文件浏览区主要是工程项目集，工程管理区主要是当前打开的设计项目，库管理区主要是元件库及数据库，如图 3.6 所示。

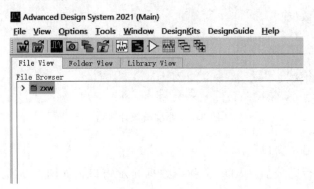

图 3.6 ADS 主窗口

（2）原理图窗口

执行菜单命令"File"——"New Schematic..."新建一个原理图，弹出对话框，单击"Create Schematic"，如图 3.7 所示。

图 3.7 原理图建立向导

打开原理图界面，原理图设计窗口主要包括菜单栏、工具栏、元器件面板三大部分，如图 3.8 所示。

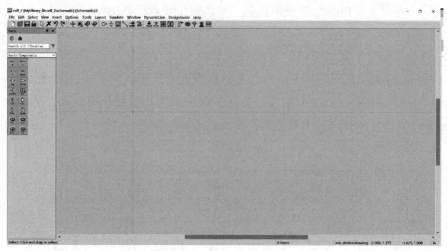

图 3.8　原理图设计窗口

（3）数据显示窗口

当仿真运行完成后，ADS 会弹出数据显示窗口，如图 3.9 所示。为了能对结果进行直观分析，用户需要利用数据显示窗口把仿真得到的数据以各种方法显示出来。ADS 数据显示与分析功能非常丰富，主要由菜单栏、工具栏和数据显示面板组成。

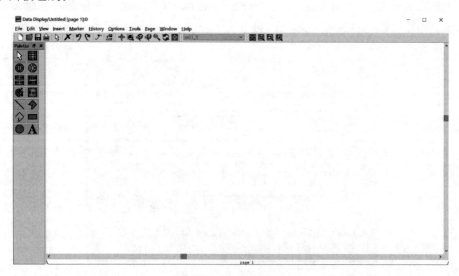

图 3.9　数据显示窗口

数据显示面板可以把仿真结果用不同方式显示出来，为了对不同数据进行形象分析，必须选择合适的数据显示方式，用户可以在数据显示方式面板上进行显示选择。ADS数据显示方式主要有直角坐标显示方式、极坐标显示方式和史密斯圆图显示方式等，如图3.10所示。

图 3.10 数据显示方式面板

3.2.2 S参数仿真器设置

如图3.11所示，在ADS中，对每一种典型的电路分析方法都有相应的仿真控制器及一系列相应的参数设置工具。在FBAR设计过程中，主要采用S参数仿真控制器。

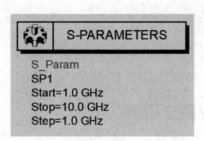

图 3.11 S参数仿真控制器

如图3.12所示，S参数仿真控制器是在RF设计时非常重要的一种仿真控制器。它的基本功能是仿真一段频率上的散射参数。双击S参数仿真控制器，在对话框中选择"Frequency"标签进行参数设置。

"Sweep Type":设置扫描类型,包括单点扫描、线性扫描、对数扫描。

"Start/Stop":按起点和终点设置扫描范围。

"Center/Span":按中心点和扫描宽度设置扫描范围。

"Start":扫描参数的起点。

"Stop":扫描参数的中点。

"Step-Size":扫描的步长。

"Num. of pts":对数扫描时,每10倍程扫描的点数。

"Use sweep plan":使用原理图中的 Sweep plan 控件扫描参数。

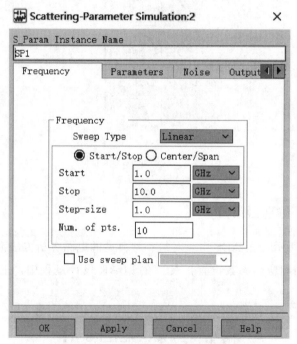

图 3.12　S 参数仿真控制器参数设置

3.3　FBAR 模型建立示例

按上述步骤新建原理图,并建立单个 FBAR 器件完整模型,该模型由顶电极层、压电层、底电极层、温补层和支撑层组成。本节将以该模型为例,逐步讲解 FBAR 模型的建立过程。

3.3.1 新建工程

运行 ADS，单击菜单栏"File"—"new"—"Workspace"创建一个新工程，命名为自定义，保存路径为自定义。单击"Create Workspace"完成新项目的建立。软件自动跳转到 Folder View，如图 3.13 所示。

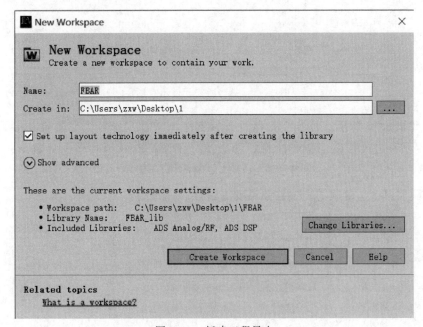

图 3.13 新建工程导向

3.3.2 建立 FBAR 模型

① 在主窗口工具栏中，单击新建原理图，命名可自定义。

② 选择与放置元器件。如图 3.14 所示，在元器件模型列表窗口中选择"Eqn Based-Linear"基于方程的线性网络元器件面板。该面板包含了各种非线性网络模型，这些网络模型的参数（如 S 参数、Z 参数）都以线性方程的形式给出。在该面板中选择"Z1P_Eqn"。

在元器件模型列表窗口中选择"Lumped-Components"集中参数元器件面板，该面板包含了电阻、电容、电感等集总参数元器件。在该面板上选择"TF"。

在元器件模型列表窗口中选择"Simulation-S_Param"仿真元件面板，包含

S参数仿真所需的各种空间。在该面板中选择"Term"。

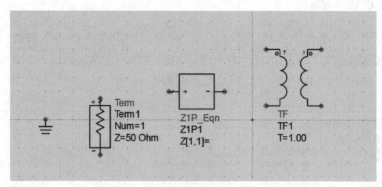

图3.14　模型所需元件示意图

　　如图3.15所示，将各个元器件连接起来，并设定好各个元器件的参数值。添加VAR控件，设定各膜层材料参数值，比如材料的相对介电常数、衰减因子、纵波声速、声特征阻抗、压电薄膜层的静态电容、FBAR的有效谐振区域面积、膜层厚度、薄膜的相位移和温度等。

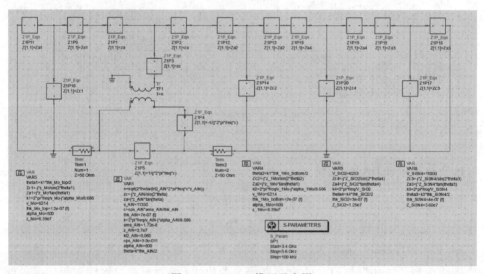

图3.15　FBAR模型示意图

　　③ 设置仿真参数。在元器件面板列表选择"Simulation-S_Param"，在该面板中选择S参数模拟控制器。如图3.16所示，双击图中的SP1，打开参数设置对话框，将"Start"修改为"3.4"GHz，"Stop"修改为"5.6"GHz，"Step-size"修改为"100"kHz。

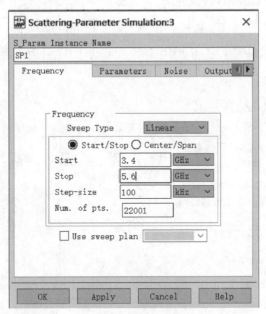

图 3.16　仿真参数设置

设置完成后，单击原理图窗口工具栏的 "Simulate"，如果没有错误会自动显示数据。

④ 仿真结果显示。如图 3.17 所示，在这个窗口能以直角坐标系、极坐标系、史密斯圆图或者其他形式显示仿真数据。

单击数据显示窗口的 "Rectangular Plot"，移动鼠标到图形显示区并单击鼠

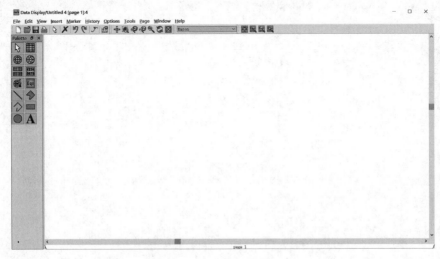

图 3.17　数据显示窗口

标左键把一个方框放到图形显示区，自动弹出"Plot Traces&Attributes"窗口，选择 $S(2,1)$，单击"Add"按钮，在弹出的"Complex Data：0"对话框中选择 dB 为单位，单击"OK"。显示 FBAR 的 $S(2,1)$ 响应曲线。如图 3.18、图 3.19 所示。

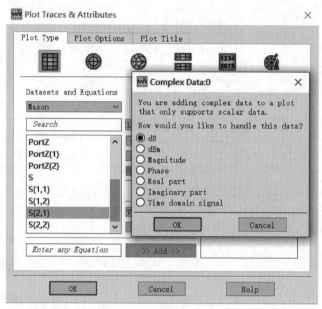

图 3.18　数据设置窗口

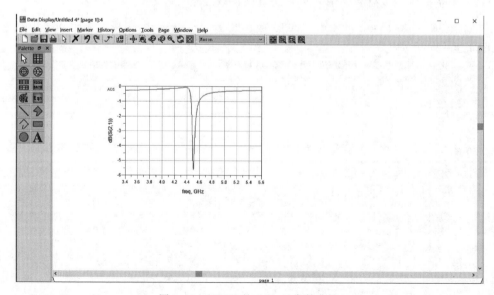

图 3.19　FBAR 的 $S(2,1)$参数曲线

3.4 FBAR 的完整 Mason 模型建立及分析

前文中已经得到了 FBAR 的压电层和普通声学层的电学表达式以及等效电路图,按照 FBAR 的实际结构,从左至右为:支撑层或其他膜层、底电极层、压电层和顶电极层,将各层的等效电路级联起来,得到如图 3.20 所示的 Mason 模型图。

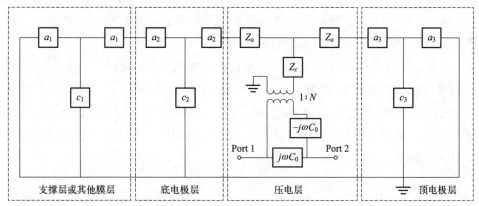

图 3.20   FBAR 的普适 Mason 模型

依据 Mason 模型,可对各膜层的材料和厚度以及有效谐振面积等物理参数进行设置,以模拟器件在设置的频段范围内的谐振性能特征。因此该模型在实际工程应用中非常通用,本书将在 ADS 中建立 Mason 模型进行各膜层物理结构参数的仿真与实验[68]。

3.4.1   不同压电材料的影响分析

压电层是 FBAR 器件的主要功能层,因此,探究不同的压电层材料对器件谐振频率的影响非常重要。常见的压电材料包括如下三种:AlN、ZnO、PZT。三种压电材料的特性如表 3.1 所示[69-71]。

表 3.1   三种常见压电材料的特性

参数	AlN	ZnO	PZT
机电耦合系数/%	6.5	7.5	10
夹持介电常数/(F/m)	9.50×10^{-11}	7.79×10^{-11}	3.10×10^{-9}

续表

参数	AlN	ZnO	PZT
纵波声速/(m/s)	10400	6350	3600
固有损耗	很低	较低	较高
化学稳定性	较好	较差	较好

其中，压电材料的机电耦合系数越大，则由此材料制成的 FBAR 滤波器的带宽越宽；夹持介电常数越大，则构成的 FBAR 谐振器就能够以越小的谐振面积影响电路分压，即夹持介电常数越大，FBAR 谐振器所需的谐振区域面积就越小；纵波声速的大小直接影响声波传播和反射的速度，因此纵波声速越大的材料，在相同的厚度下就能达到更高的谐振频率。

在测试不同的压电材料对 FBAR 器件的谐振状态的影响时，电极层材料选用金属 Mo，压电层厚度为 500nm，底电极厚度为 200nm，顶电极厚度为 100nm，有效谐振区域面积设置为 $10000\mu m^2$，通过对在 ADS 中建立的图 3.20 所示的 Mason 模型进行仿真，在上述三种压电材料下，FBAR 的频率特性曲线如图 3.21 所示。

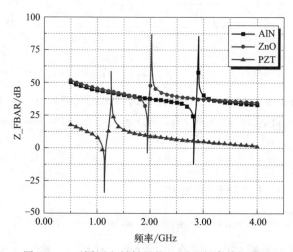

图 3.21 不同压电材料下的 FBAR 频率特性曲线

结合表 3.1 分析可知，PZT 的机电耦合系数和介电常数值是三者中最优，但材料的固有损耗较大，进而会影响器件的 Q 值，且其在相等情况下，谐振频率最低，阻抗值最小；AlN 的纵波声速最大，因此其工作的谐振频率值最高，但机电耦合系数最小，会在一定程度上限制制得的 FBAR 滤波器的带宽；ZnO

的化学稳定性较差；综合考虑 5G 工作频段、后期滤波器的带宽以及外协加工的难度、各膜层间的兼容性等原因，因此选用 AlN 作为压电材料更为合适。

3.4.2　不同电极材料的影响分析

确定压电层材料为 AlN 后，需要对电极层材料进行确定，电极层的选择要综合考虑多方面因素：与压电层的工艺兼容性问题，相邻薄膜间需要有较好的晶格匹配性；成本问题；纵波声速大的材料能有更高的谐振频率；密度小的材料支撑电极层能有效减小机械损耗；有较好的化学稳定性，不易发生氧化及变质的现象。常见的电极层材料主要有 Al、Au、Mo、W 等，四种金属材料的特性如表 3.2[72] 所示。

表 3.2　四种常见电极层材料的特性

参数	Al	Au	Mo	W
纵波声速/(m/s)	6350	3100	6300	5510
密度/(kg/m³)	2700	19300	10280	19200
稳定性	较差	很好	较好	较好
成本	低	高	中	中

在进行不同的电极层材料对 FBAR 器件的谐振状态影响的实验时，压电层材料为 AlN，且厚度为 500nm，底电极厚度为 200nm，顶电极厚度为 100nm，有效谐振区域面积设置为 $10000\mu m^2$，通过在 ADS 中建立 Mason 模型进行仿真，在上述几种电极材料下，FBAR 的频率特性曲线如图 3.22 所示。

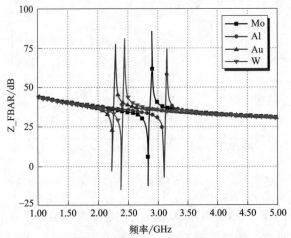

图 3.22　不同电极层材料下的 FBAR 频率特性曲线

由图 3.22 中可看出，Al 作为电极层材料时，FBAR 的谐振频率值是最高的，而 Au 则是最低的，这是因为在这几种材料中，Al 的纵波声速值最大，Au 的纵波声速值最小，纵波声速的大小直接影响器件的谐振频率大小。从膜层间的匹配性考虑，金属 Mo 的热膨胀系数与压电层 AlN 的热膨胀系数接近，分别为 $4.8 \times 10^{-6}/℃$ 和 $4.5 \times 10^{-6}/℃$，能缓解薄膜热应力失配而引起的结构稳定性差的问题。从高频与成本角度考虑，应该选用 Al 作为电极层材料，但是 Al 极易氧化，稳定性差，Au 的稳定性较好，但成本高，更适用于用作电极的引出线材料。金属 Mo 的纵波声速与 Al 相差不多，且稳定性较好，实验室的制备工艺也更加成熟，综合考虑，选择 Mo 作为电极层材料。

3.4.3 压电层厚度影响分析

在前文中已经确定了压电层的材料为 AlN，结合 FBAR 的工作原理可知，FBAR 的厚度也会影响器件的谐振频率。在此研究压电层厚度变化对频率特性的影响。在保持其余参数相同的前提下，分别设上电极层厚度为 $0.12\mu m$，下电极厚度为 $0.20\mu m$，支撑层厚度为 $0.30\mu m$，谐振面积为 $100\mu m \times 100\mu m$，调整压电层厚度进行仿真，获得不同压电层厚度下串联谐振频率（f_s）与串联谐振频率（f_p）的变化如图 3.23 所示。

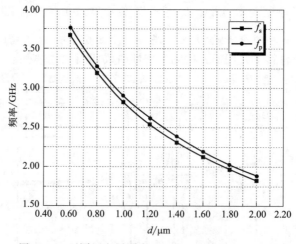

图 3.23　不同压电层厚度下 FBAR 的频率变化曲线

如图 3.23 可知，FBAR 单元的 f_s 与 f_p 会随着压电层厚度 d 的增加而逐渐减小，且谐振频率减小的幅度逐渐减缓。分析其原因可知，FBAR 的谐振频率主要由压电膜层的厚度决定，压电层占据了声波传输的大部分路径。因此随着压电膜层的厚度增加，声波传输的路径延长，从而导致器件的谐振频率减小。

3. 4. 4　电极层厚度影响分析

同样地，研究电极层厚度变化对频率特性的影响。在保持其余参数相同的前提下，分别设压电层材料为 AlN，厚度为 $0.70\mu m$；底电极材料为 Mo，厚度为 $0.20\mu m$；支撑层厚度为 $0.30\mu m$；谐振面积为 $100\mu m \times 100\mu m$。调整顶电极层厚度，获得谐振器在不同顶电极厚度下的串并联谐振频率变化如图 3.24 所示。

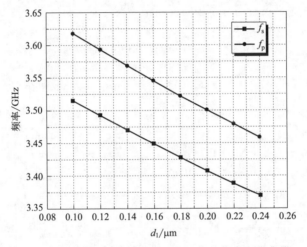

图 3.24　不同顶电极层厚度下 FBAR 的频率变化曲线

随着顶电极厚度的增加，FBAR 的 f_s 与 f_p 会降低；同理，如图 3.25 所示，当底电极厚度增加，FBAR 的谐振频率也会减小。

分析图 3.25，当压电层较薄时，电极层在声波传输路径中的占比不容忽视，影响 FBAR 器件的谐振频率。随着电极层厚度的增加，谐振频率在逐渐减小，两者间几乎呈现线性关系，因此在实际的加工过程中，若底电极和压电层的厚度确定后，可以调整顶电极的厚度达到微调谐振频率的目的。

3. 4. 5　有效谐振面积影响分析

探究谐振面积（A）变化对频率特性的影响，有效谐振面积是顶电极与底电极在压电层区域内的正对面积。保持其余参数相同，分别设电极层材料为 Mo，顶电极层厚度为 $0.12\mu m$，底电极厚度为 $0.20\mu m$；压电层材料为 AlN，厚度为

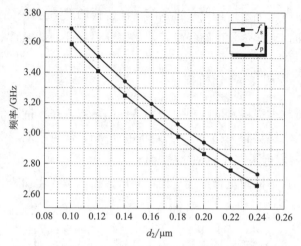

图 3.25　不同底电极层厚度下 FBAR 的频率变化曲线

$0.70\mu m$，支撑层厚度为 $0.30\mu m$。调整谐振面积，获得谐振器的串、并联谐振变化曲线如图 3.26 所示。

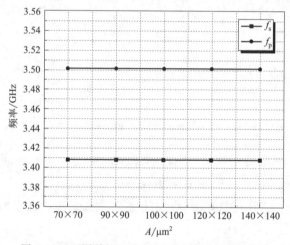

图 3.26　不同谐振面积下 FBAR 的频率变化曲线

随着谐振面积的变化，FBAR 器件的 f_s 与 f_p 不改变，但由得到的阻抗频率响应分析可知，此时器件的阻抗值会随谐振面积的增大而减小，因此改变 FBAR 单元的谐振面积对于后期 FBAR 滤波器的性能优化，会体现在滤波器的带内波纹指标中。随着谐振面积的变化，串并联谐振频率不变，可知在后期滤波器的设计中，谐振面积的改变不会影响滤波器的带宽，该结论与 FBAR 的谐振理论符合。

3.4.6 电极层与压电层的厚度比影响分析

由上述的分析可知，改变 FBAR 各膜层的厚度可以调整其工作频率，且呈现一致的变化规律，即随着膜层厚度的增加，器件的谐振频率均降低。同理可得，对于 FBAR 器件的其他膜层，比如支撑层等，也将具有同样的结论。而电极层和压电层是 FBAR 的主要膜层，其厚度比对器件的性能影响主要表现为对有效机电耦合系数的影响。在保持其余参数相同的前提下，设定压电层材料为 AlN，厚度为 $0.70\mu m$，分别以压电层与顶电极厚度比为 0.04，0.08，$\cdots$，0.48 进行实验，可得到有效机电耦合系数变化图，图 3.27(a) 是顶电极与压电层的

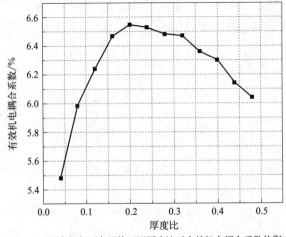

(a) 顶电极与压电层的不同厚度比对有效机电耦合系数的影响

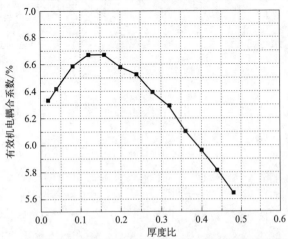

(b) 底电极与压电层的不同厚度比对有效机电耦合系数的影响

图 3.27 电极层与压电层的不同厚度比与有效机电耦合系数的关系

不同厚度比对有效机电耦合系数的影响,图 3.27(b) 是底电极与压电层的不同厚度比对有效机电耦合系数的影响。

由图 3.27 可知,随着电极层与压电层的厚度比的增大,FBAR 器件的有效机电耦合系数呈现先上升再下降的趋势。当电极层与压电层的比值低于某个值时,压电层的压电效应占据主导作用,使得器件的机电耦合系数增加。当电极层厚度比继续增加时,电极层对声波能量具有限制作用,且器件的机械振动损耗增加,导致有效机电耦合系数快速减小。分别在两图最高点附近进行再取点实验,得到顶电极厚度区间为 $0.112\sim0.145\mu m$。由于底电极的成膜质量直接决定了其上部膜层的性能,比如压电层、顶电极层等,因此底电极的厚度区间在 $0.110\sim0.125\mu m$ 基础上,应适当地增厚。总体而言,电极层与压电层的厚度比应该控制在 $0.15\sim0.30$ 之间,根据设计要求,可以在范围内进行微调。

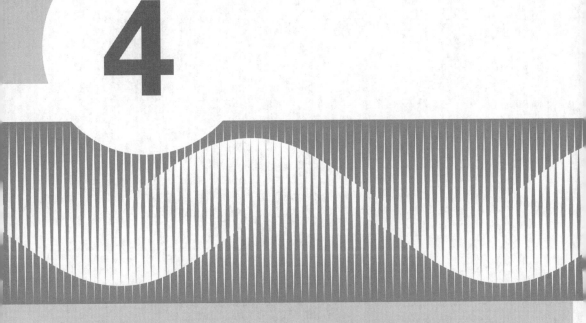

第4章　FBAR温度补偿效应研究及电学热模型建立

滤波器在射频前端的市场中占据了很大份额，射频滤波器的性能也直接影响着射频前端的工作效果以及通信系统的性能。由 FBAR 谐振器组成的射频滤波器易受环境温度的影响，因此对于谐振器本身温度漂移现象的改善尤为重要。当温度变化时，谐振器内部压电材料的弹性常数会发生变化，从而影响器件的纵波声速，产生频率漂移现象。本章将分析针对 FBAR 器件现有的温度补偿方法，结合设计要求，确定温度补偿方案，进一步改进 FBAR 的 Mason 模型，将温度效应加入到电学模型中，研究温度对器件的频率的影响。最后初步明确 FBAR 的各膜层物理参数与结构。

4.1　常见的温度补偿方法

在移动通信中，随着技术的不断发展，可供使用的频段非常接近，这要求射频器件具有更强的温度稳定性。在射频前端中，滤波器的工作频率随温度的变化不能出现过大的漂移，因此需要使得 FBAR 单元具有更小的 TCF 值，研究人员也在积极地探索有关 FBAR 温度漂移的改进方案。

在 2006 年，T. Yanagitani 等人[73] 以氧化锌为压电层的材料制备了基于纯剪切模式的 BAW 器件，测试了纵向和剪切模式下 BAW 的频率温度系数，发现纯剪切模式下的频率温度系数要小于纵向模式；在 2011 年，天津大学的胡念楚[74] 以固态装配型声波器件为例，在其中引入了温度补偿层，该层的材料为 SiO_2，制得的体声波器件的 TCF 值为 $-4 \times 10^{-6}/℃$；在 2015 年，T. Nishihara 等人[75] 提出用 SiOF 代替 SiO_2 作为温度补偿层，器件的各膜层材料依次为 Ru/AlN/Ru/SiOF/Ru，该结构下它的 TCF 值仅为 $-11 \times 10^{-6}/℃$；在 2018 年，H. Igeta 等人[76] 针对 ScAlN/SiO_2 结构的体声波谐振器进行了温度方面的研究，在压电层材料 AlN 中掺杂钪（Sc）。当 Sc 在 AlN 中的掺杂率达到 41% 时，FBAR 器件的 TCF 为 $-27.2 \times 10^{-6}/℃$；在 2018 年，何怡刚等人[77] 提出使用 AFSA-BP 神经网络算法对声表面波传感器进行温度补偿，这也为体声波器件的温补研究提供了思路。上述列出了部分学者对于体声波器件的温度补偿的研究，近年来，相关的研究逐渐增多，概括起来如表 4.1 所示。

结合温度补偿的效果以及本课题的应用场景，另外考虑到该研究已经确定了压电层和电极层的材料，将采用增加温度补偿层的方式对 FBAR 器件进行温度补偿，温度补偿层材料选用 SiO_2，为了探究温度补偿层的位置以及厚度对于器件谐振频率以及温度系数的影响，需要对 FBAR 的电学阻抗模型进行进一步的改进，将温度效应考虑到模型中。

表 4.1　常见的温度补偿方法汇总与比较

方案	使用 TCF 值小的压电材料与晶片键合	使用温度补偿层材料	算法优化
原理	使用 TCF 值小的、本身受温度影响就不大的材料，例如石英；将此类材料与热膨胀系数低的材料结合或进行材料的掺杂	将具有正温度特性的材料（SiO_2、SiOF 等）和具有负温度特性的器件材料相结合，以实现温度补偿	使用神经网络等智能算法来进行声波器件的温度补偿或改善外围电路进行补偿

4.2　考虑温度效应的电学模型的建立

FBAR 器件的谐振频率主要由核心"三明治"换能器结构的材料以及厚度决定，将式（2-51）再次引入，具体表示为：

$$f=(n+1)\frac{v}{d}(n=0,1,2,\cdots) \tag{4-1}$$

式中，n 为从零开始的正整数；v 为压电材料的纵向声波速率；d 为压电层的纵向尺寸，即压电薄膜和两个电极共同决定的等效体声波厚度。

器件在工作过程中，压电薄膜会因外部温度的改变，而受到影响。表现在温度对材料的声波速度以及厚度的影响，从而引起谐振器的谐振频率变化。可以用弹性常数 c 和密度 ρ 的函数来表示材料的声速 v：

$$v=f(c,\rho)=\sqrt{\frac{c_{33}^{D}}{\rho}} \tag{4-2}$$

其中材料的密度 $\rho(T)$ 与外界温度的关系：

$$\rho(T)=\rho(T_0)[1-(\alpha_{11}+\alpha_{22}+\alpha_{33})\Delta T] \tag{4-3}$$

式中，α_{11}、α_{22}、α_{33} 分别为沿着声传播的方向、垂直于声波两个方向的热膨胀系数。在式（4-3）中，由于热膨胀系数的数量级为 10^{-6}，因此可以得到 $[1-(\alpha_{11}+\alpha_{22}+\alpha_{33})\Delta T]$ 的值约等于 1，因此随着温度的改变，材料的密度可以近似于不改变，可忽略温度对其的影响。

式（4-2）中的 c_{33}^{D} 代表压电材料在 z 方向，也就是压电薄膜的厚度方向的刚性矩阵。刚度是指材料在受力时抵抗所发生的变形的能力，常用于表征材料或者某种结构发生弹性形变的难易程度。材料的 z 方向上的刚度矩阵随温度的变化规律可以表示为：

$$\boldsymbol{c}^D(\Delta T)=\boldsymbol{c}^D(1+2\times \text{TCF}_x\times\Delta T) \tag{4-4}$$

由此可以得到材料 x 内的纵向声速与温度变化的关系：

$$v_x(\Delta T)=v_x\times\sqrt{1+2\times \text{TCF}_x\times\Delta T} \tag{4-5}$$

式中，v_x 为膜层材料在常温下的声速；TCF_x 为膜层材料在常温下的频率温度系数。TCF 值表示 FBAR 器件的固有频率在温度变化 1℃时的平均变化率[78]，由于在一维 Mason 模型中，还存在膜层材料的声阻抗 Z，该参数与材料的密度 ρ 和声速有关：

$$Z=\rho\cdot v_x(\Delta T) \tag{4-6}$$

随着温度的改变，材料的密度可以近似于未发生变化，因此声阻抗主要是由材料的声速决定，于是可得：

$$Z=\rho\cdot v_x(\Delta T)=\rho\times v_x\times\sqrt{1+2\times \text{TCF}_x\times\Delta T} \tag{4-7}$$

常温状态下，AlN 的 TCF 值约为 $-25\times10^{-6}/℃$，Mo 的 TCF 值约为 $-60\times10^{-6}/℃$，SiO_2 的 TCF 值约为 $85\times10^{-6}/℃$[79]。

$$\text{TCF}=\frac{1}{f}\frac{\mathrm{d}f}{\mathrm{d}T}=\frac{1}{v}\frac{\mathrm{d}v}{\mathrm{d}T}-\frac{1}{\lambda}\frac{\mathrm{d}\lambda}{\mathrm{d}T} \tag{4-8}$$

式中，λ 为声波长；f 为频率。由于材料的声速 v 与其弹性常数 c 和密度 ρ 存在关联，因此，可以将式(4-8)变形为：

$$\text{TCF}=\frac{1}{2}\cdot\left(\frac{1}{c}\cdot\frac{\partial c}{\partial T}+\frac{1}{\rho}\cdot\frac{\partial\rho}{\partial T}\right)-\left(\frac{1}{\lambda}\cdot\frac{\partial\lambda}{\partial T}\right) \tag{4-9}$$

由于在理想状态下，声波是指在一个振动周期内传播的距离，因此当声波在压电薄膜内部上下振动时，式(4-9)中的波长部分可用压电薄膜厚度表示，并且利用 $\rho=M/V$（M 代表压电薄膜的单位质量，V 代表压电薄膜的单位体积）得到：

$$\text{TCF}=\frac{1}{2}\cdot\left(\frac{1}{c}\cdot\frac{\partial c}{\partial T}-\frac{1}{V}\cdot\frac{\partial V}{\partial T}\right)-\left(\frac{1}{d}\cdot\frac{\partial d}{\partial T}\right) \tag{4-10}$$

式中，d 为压电层的纵向尺寸，$\frac{1}{V}\cdot\frac{\partial V}{\partial T}$ 和 $\frac{1}{d}\cdot\frac{\partial d}{\partial T}$ 也可以用热膨胀系数 α 表示，分别为：

$$\frac{1}{V} \cdot \frac{\partial V}{\partial T} = -(\alpha_{11} + \alpha_{22} + \alpha_{33}) \tag{4-11}$$

$$\frac{1}{d} \cdot \frac{\partial d}{\partial T} = \alpha_{11} \tag{4-12}$$

将式(4-11)和式(4-12)两式代入式(4-10)可得：

$$\text{TCF} = \frac{1}{2} \cdot \left(\frac{1}{c} \cdot \frac{\partial c}{\partial T} - \alpha_{11} + \alpha_{22} + \alpha_{33} \right) \tag{4-13}$$

在代入合并的过程中，有部分的热膨胀系数抵消。热膨胀系数主要分为两类，一类是体热膨胀系数，另一类是线热膨胀系数，式(4-10)中的$(1/d) \cdot (\partial d/\partial T)$是线热膨胀系数$\alpha_T$的表达式，在将式(4-11)和式(4-12)两式代入式(4-10)的过程中正是此部分有相抵消，这也从侧面说明在外界温度改变时，线热膨胀系数并不是引起器件频率漂移的主要原因。

为验证此原因，现举例说明：假设温度变化从-50℃到50℃，并且压电材料为AlN（厚度为$1\mu m$），已知AlN在低温情况下，其纵向方向上的线热膨胀系数$\alpha_T = 4.6 \times 10^{-6}$，则由此数据计算可得在$-50 \sim 50$℃的温度变化中，压电薄膜厚度变化约为$0.46nm$，和原始厚度$1\mu m$相比，$100$℃温度改变带来的压电薄膜厚度的改变导致器件的谐振频率的改变可以基本忽略。并且从热膨胀系数和弹性常数的量级来考虑，热膨胀系数的量级为10^{-6}，弹性常数的量级为10^{-4}，因此在外界环境温度改变的情况下，压电材料的弹性常数的变化是导致FBAR器件频率改变的主要原因。

综上分析：在外界环境温度改变的情况下，压电材料的弹性常数的变化是导致FBAR器件频率改变的主要原因，因此需要考虑该如何将温度系数加入材料的弹性常数表达式中。

由上述分析过程可知，温度主要影响各膜层材料的声阻抗值以及纵波声速值，因此在原来的Mason模型中，需要将其中参数设置进行进一步改进，将温度T引入到电学阻抗模型中，改进后的声阻抗和纵波声速表达式如下：

$$\begin{cases} Z = \rho \cdot v_x(T) = \rho \times v_x \times \sqrt{1 + 2 \times \text{TCF}_x \times (T - 25)} \\ v_x(T) = v_x \times \sqrt{1 + 2 \times \text{TCF}_x \times (T - 25)} \end{cases} \tag{4-14}$$

改进后的压电薄膜层和普通声学层的Mason模型分别如图4.1和图4.2所示，压电薄膜和普通声学层模型图中的公式为各参数的表达式。

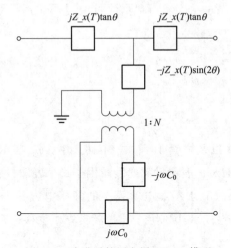

图 4.1　改进后的压电层 Mason 模型

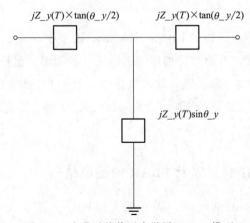

图 4.2　改进后的普通声学层 Mason 模型

$$
\begin{cases}
v\_x(T)=v\_x\times\sqrt{1+2\times(\mathrm{TCF}\_x)\times(T-25)} \\[4pt]
Z\_x(T)=\rho\_x\times v\_x(T) \\[4pt]
C_0=(eps\_x\times Area\_x)/thk\_x \\[4pt]
k=(2\times pi\times freq)/v\_x(T)-j\times alpha\_x/8.686 \\[4pt]
eps\_x \\[4pt]
\theta\_x \\[4pt]
thk\_x=7\times10^{-7} \\[4pt]
N=\sqrt{2\times\theta/(kt_2\_x\times2\times pi\times freq\times C_0\times Z\_x)}
\end{cases}
\tag{4-15}
$$

73

$$\begin{cases} v\_y(T) = v\_y \times \sqrt{1 + 2 \times (TCF\_y) \times (T - 25)} \\ Z\_y(T) = \rho\_y \times v\_y(T) \\ k1 = (2 \times pi \times freq)/v\_y(T) - j \times alpha\_y/8.686 \\ \theta\_y = k1 \times thk\_y/2 \\ thk\_y \\ alpha\_y \end{cases} \quad (4\text{-}16)$$

在图 4.1、图 4.2 以及式(4-15)、式(4-16)中，pi 表示常数 π；eps 表示材料的相对介电常数；$alpha$ 表示材料的衰减因子；v 表示材料的纵波声速；Z 表示材料的声特征阻抗；C_0 表示压电薄膜层的静态电容；$Area$ 表示 FBAR 的有效谐振区域面积；thk 表示膜层厚度；θ 为薄膜的相位移；T 表示温度。

4.3 温补层设置及 FBAR 结构改进

以上已将温度效应添加到 FBAR 的 Mason 模型中，通过此改进后的 Mason 模型对温补层的位置以及温补层的厚度进行进一步明确。温补层选用频率温度系数为 $+85 \times 10^{-6}/{}^\circ\mathrm{C}$ 的二氧化硅，将二氧化硅设置在 FBAR 的不同位置，分析其对器件谐振频率和 TCF 值的影响，优化 FBAR 的结构。确定位置后，调整温补层的厚度，达到最优的 TCF 值。

4.3.1 确定温补层位置以及 FBAR 的膜层结构

当不考虑 FBAR 的基底时，从下到上依次是支撑层（Si_3N_4）、底电极层（Mo）、压电薄膜层（AlN）、顶电极层（Mo）。利用改进后的 Mason 模型，分别研究温度补偿层（选用二氧化硅作为温补层）安置在底电极与支撑层之间、压电层与底电极之间、顶电极与压电层之间以及不含温补层四种情况。其他各膜层的结构参数均保持一致，压电层 AlN 的厚度为 $0.50\mu m$，顶电极层 Mo 的厚度为 $0.15\mu m$，底电极层 Mo 的厚度为 $0.20\mu m$，支撑层 Si_3N_4 的厚度为 $0.30\mu m$，温度补偿层 SiO_2 的厚度为 $0.10\mu m$。四种情况下，器件的基频谐振频率特性曲线如图 4.3 所示。

由图 4.3 可知，相比较于不设置温度补偿层的情况，将温度补偿层设置在底电极和支撑层之间，对器件整体的谐振频率影响较小；将温度补偿层设置在压电层周围，即分别设置在压电层和两个电极层之间时，对 FBAR 的影响最大。这

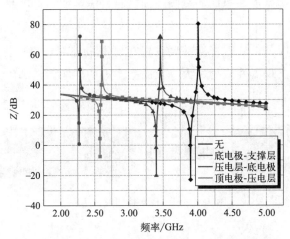

图 4.3　温补层在不同位置下 FBAR 的频率特性曲线

是因为 SiO_2 层的衰减系数较大，达到 1040dB/m，而 AlN 和 Mo 的衰减系数分别为 800dB/m 和 500dB/m，因此若将 SiO_2 层设置在压电层两侧时，会存在更多的声波损失在该层中，因此 SiO_2 层设置在压电层和电极层之间的两种情况会导致谐振频率大幅度降低。将上述的四种情况根据式(4-8)，在 $-50\sim150℃$ 范围内多次改变温度值，计算出其 TCF 值如表 4.2 所示。

表 4.2　不同温补层位置下的 TCF 值

温补层位置	TCF/$(\times10^{-6}/℃)$
不添加温补层	-28.32
底电极与支撑层之间	-22.39
压电层与底电极之间	22.57
顶电极与压电层之间	6.79

由表 4.2 可以看出，当温度补偿层设置在压电层与底电极之间、压电层与顶电极之间时，FBAR 器件的 TCF 值改善明显，说明在 FBAR 的各膜层中，压电层材料的温度系数直接影响器件整体的 TCF 值，但在这两种情况下，器件的谐振频率受影响极大。若将 SiO_2 层设置在电极层外侧，即设置在支撑层和底电极层之间，此时的温补效果较弱，但能保证频率受到的影响更小。

综合考虑到 SiO_2 与 AlN 的晶格匹配度较差，导致在 SiO_2 上沉积的 AlN 压电薄膜晶格取向不佳，从而影响谐振器的电学特性。并且 SiO_2 的应力较大，很容易造成器件的边界处应力过于集中的地方产生裂口，导致器件失效[80,81]。薄膜的应力太大，也会造成多层薄膜间的黏附性变差，力学性能降低，FBAR 作为多膜层结构，需要考虑各膜层的黏附性问题，过大的应力会引起晶格不匹配，导致薄膜质量变差。

考量上述的问题，确定将温补层设置在底电极外部，避免将 SiO_2 夹在其他膜层之间，防止出现器件应力过大、成品率不高的问题。FBAR 的具体改进方案如图 4.4 所示。

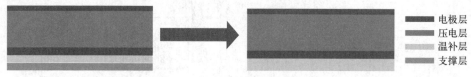

图 4.4　FBAR 结构的改进方案

电极层
压电层
温补层
支撑层

4.3.2　确定温补层厚度

确定了温度补偿层位于底电极的外部，既作为支撑层，也作为温度补偿层。但是此种情况下，器件的 TCF 值虽有改善，但是改善幅度不大。此时还通过改变温度补偿层的厚度，改善频率温度系数，在如表 4.3 所示的结构参数下，利用改进后的电学阻抗模型图进行实验，计算不同温度补偿层厚度下（$0.18 \sim 0.44 \mu m$）器件 TCF 值的变化规律，可以得到 FBAR 的 TCF 值的变化曲线如图 4.5 所示。

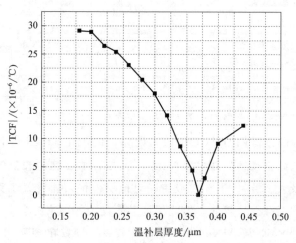

图 4.5　不同温补层厚度下 FBAR 的 ｜TCF｜ 变化曲线

由图 4.5 分析可得，当压电层厚度为 $0.50 \mu m$ 时，随着温补层厚度的增加，｜TCF｜ 呈现先下降再上升的趋势。在下降的过程中，由于压电层与电极层的负频率温度系数仍占据主导作用，因此此时的 TCF 依然为负值，但是当温补层厚度在 0.32～0.40μm 之间时，器件的整体｜TCF｜小于 $10×10^{-6}$/℃。当温补层厚度为 0.36μm 左右，器件的 TCF 值达到 0，此时再逐渐增大温补层厚度，温补层的正频率温度系数起主要作用，此时的 TCF 值为正，随着膜层厚度增大，器件整体的 TCF 值逐渐增大，谐振频率也会逐渐恶化。在具有二氧化硅补偿层的 FBAR 器件中，随着温度的升高，氮化铝的杨氏模量降低，但是二氧化硅的杨氏模量增加，使得器件整体的杨氏模量保持一个稳定状态，提高了器件的温度稳定性。

表 4.3　FBAR 的结构参数表（探究温补层厚度对 TCF 影响时）

参数	材料	厚度/μm
顶电极	Mo	0.15
压电层	AlN	0.5
底电极	Mo	0.20
温度补偿	SiO$_2$	0.18～0.44
有效谐振面积	10000μm^2	
温度范围	−50～150℃	

4.3.3　FBAR 结构参数的初步确定

利用 ADS 软件建立优化后的 Mason 模型，如图 4.6 所示。利用 ADS 中调谐优化部件，微调膜层的厚度，使得达到预期的设计目标。初步确定本课题设计的 FBAR 结构参数。由于后期由 FBAR 单元进行级联得到滤波器，至少需要两只 FBAR，因此在此处分别设置了串联 FBAR 和并联 FBAR 的结构参数，如表 4.4 所示。

表 4.4　串并联 FBAR 单元的结构参数表

结构	材料	串联型 FBAR	并联型 FBAR
顶电极	Mo	0.15μm	0.15μm
压电层	AlN	0.50μm	0.50μm
底电极	Mo	0.201μm	0.226μm
支撑层（温补层）	SiO$_2$	0.33μm	0.33μm
谐振面积	/	1000～40000μm^2	
｜TCF｜	/	$7.24×10^{-6}$/℃	$7.51×10^{-6}$/℃
仿真结果	/	f_s=3.520GHz；f_p=3.591GHz	f_s=3.451GHz；f_p=3.520GHz

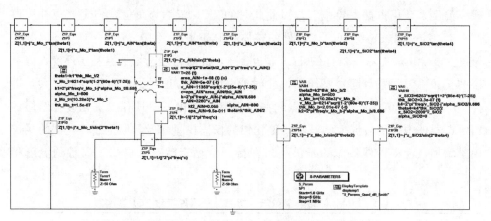

图 4.6　考虑温度效应的 FBAR 电学 Mason 模型图（ADS 环境下）

第5章　FBAR的有限元模型建立与设计分析

基于 ADS 建立的 Mason 模型可以对 FBAR 的各膜层材料、厚度、有效谐振面积等物理结构参数以及环境温度进行模拟，但该模型未考虑 FBAR 的电学损耗，未考虑器件工作时激发的剪切波，只考虑了纵向声波，无法对 FBAR 的谐振模态以及结构对器件的影响进行探究。于是需要建立有限元模型，验证前文在 ADS 中确定的结构参数的可靠性，探明器件形状及结构对 FBAR 器件谐振特性的影响。FBAR 器件的有限元仿真将涉及多物理场的耦合，本章将采用 COM-SOL Multiphysics 软件进行 FBAR 的二维与三维建模和分析，研究 FBAR 的电极形状、谐振面积、电极变迹角以及结构对谐振特性的影响，对比背刻蚀型以及空腔型结构，确定本课题的结构方案。优化电极阶梯负载结构，研究负载结构对 Q 值的影响。调整电极形状，分析不同电极形状对器件谐振模态的影响，提取损耗参数，将参数添加到 Mason 中，进一步优化完善电学模型，可为后期滤波器的设计打下基础。

5.1　COMSOL Multiphysics 概述

5.1.1　有限元简介

实际物理场景中主要有位移场、温度场、流体场、电磁场四个基本的物理场，最初的仿真过程主要从线性问题、静力分析开始，逐步发展到非线性问题、动力学分析、流体力学、电化学、电磁场等。早期的仿真程序由于算力和硬件的条件限制，主要针对单一领域，例如温度或应力等，但是实际中往往是多个物理场共同作用，例如摩擦生热、材料的热膨胀等场景。现在随着信息技术的高速发展以及对拟真场景模拟的需求，如果仅仅对单一物理特性进行研究，则很难获得综合性能最优的产品设计。为了更接近真实的物理环境，进行更好的产品性能优化，则必须考虑多个物理场的耦合作用。

在很多工程问题和科学研究问题中，可以用明确的数学物理方程（常微分方程或偏微分方程，也称"控制方程"）以及相应的边界条件来约束它们。根据合适的边界条件，这些方程都存在唯一解。但是，只有在控制方程非常简单、同时几何形状比较规则的情况下，才能得到这些方程的解析解。对于大多数实际问题，由于方程的非线性或者求解域几何形状的复杂性，往往无法通过数学解析方法得到其精确解。在这种情况下，人们转而寻求一些特殊的方法，以得到问题的近似解。只要该近似解的误差符合一定要求，则认为这个解是准确的。在这些方法中，使用最广泛、发展最成熟的是数值方法。而有限元分析法，则是现在工程分析中应用最广泛的数值计算方法[82]。

在 20 世纪的 40 年代，数学家 Richard Courant 第一次提出了有限元分析法。在工程物理及应用中，存在很多的几何结构，并且需要设置边界结构，有限元方法可以根据离散化的类型，构建出相类似的方程。这些方程的解等同于相应的偏微分方程的近似解，有限元分析法就可用于计算这些近似解，提高仿真运算的速度以及准确率。换言之，有限元分析就是对物理场问题，针对待解问题建立数学模型，然后用此数学模型求解偏微分方程，根据求解结果对实验结果进行可靠的预测。该方法的理论是最小势能原理和最小余能原理，其基本思想是用许多规则形状的连续子域来近似代表整个求解域，这些子域称为"网格单元"。在这些单元的顶点处，物理量都精确满足原控制方程。而在单元内部任意一点处的物理量，则是依据单元点处的值使用插值法求得的。

通过网格剖分，无限个自由度的原边值问题被转化成了有限个自由度的问题。然后，用里兹变分法或伽辽金法得到一组代数方程。接着通过求解方程组得到这些单元顶点处的方程近似解，最后通过插值法求得单元内部任一处的解。

COMSOL Multiphysics 是专门用于多物理场的模拟实验分析，包括声学、力学、电磁学、MEMS 模块等多个物理场[83]。根据不同的应用场景，可以进行多个物理场的耦合分析，通过求解计算后，可以进行器件的应力分析、振动模态分析，从而得到应力分布图、振动位移分布图等。利用 COMSOL 进行器件的有限元仿真包括如下几个基本要素：一是节点，节点表征单元几何体的端点或者是特定的一个点，应力与位移等物理量的变化都会在各个单元的节点上进行表现；二是单元，通过节点间相连组成的几何体就是单元；三是自由度，指的是每个节点上存在的变量数，在进行系统的求解时，自由度的大小反映需要求解的方程量，影响求解的速率；四是网格，是指多个单元通过公共节点组成网络，每个网格都表示待解的区域，因此网格的粗细影响着求解的精确度。

利用 COMSOL 进行 FBAR 器件的建模求解时，主要可分为如下的步骤：一是定义几何模型及材料的配置，二是设置边界条件和完美匹配层，三是选择物理场进行设置，四是网格的划分，五是选择合适的求解器进行求解。本章后续将通过 FBAR 器件的二维与三维模型的建立，展开对 COMSOL 建模过程的详细阐述，重点研究 FBAR 器件有限元模型的建立与结果分析。

5.1.2 基础物理场核心名词

（1）控制方程

能够比较准确、完整描述某一物理现象或规律的数学方程即称为该物理现象或规律的控制方程，这些方程绝大多数是偏微分方程，COMSOL 就是一个偏微分方程组求解平台，其优势在于多物理场的耦合求解。不同的物理场对应着不同的控制方程，求解多物理场的本质就是求解这些控制方程，即偏微分方程组。由于偏微分方程一般有无穷多个解，因此为了确定其中符合工程问题的实际情况的解，即特解，就需要指定一些相应的特殊条件，包括边界条件或初始条件。

（2）边界条件

从数学中的微分方程来说，边界条件是在一个微分方程的基础上添加一组附加的约束，边值问题的解也同时满足边界条件微分方程的解。对于给定问题的输入存在唯一的解，它依赖于持续的输入。

某个边界上的边界条件，一般是以指定物理量的原函数值或其导数值的形式指定的。如果仅指定其原函数值，则称为第一类边界条件或狄里克莱条件；如果仅指定其导数值，则称为第二类边界条件；如果同时指定原函数值和导数值，则称为第三类边界条件。总体而言，第一类边界条件是指定函数本身值的边界条件；第二类边界条件是定义函数法向导数值的边界条件；第三类边界条件是函数值和外法线的方向导数的组合。

（3）初始值

初始值是指过程发生的初始状态，一般用于与时间相关的物理量的求解。在瞬态问题中，除了指定边界条件外，由于方程中存在物理量关于时间的导数项。因此还需要指定物理量在初始时刻，即 $t=0$ 时的函数值或其导数值。

总之，为了确定反方程的解，就必须提供足够的初始条件和边界条件，这些附加条件称为定解条件。

（4）应力

应力是结构对载荷抵抗所产生的力，它是固体力学分析的经常需要求解的物理量。用单元面积的力来表示，其单位为 Pa。该物理量是判断产品与结构破坏与否的重要指标。应力＝载荷/剖面面积。任何结构都有其所能承受的强度极限，所以设计时不能使应力超过该极限值。应变常常用于评价结构的变形程度。

（5）应变

应变是某点处的变形量与其未变形时的长度之比，因此它是无量纲的值。应变常用于评价结构的变形程度。在某些结构中，即使产品没有破坏，但如果变形过大，也会影响其功能和性能。例如在压电材料或 MEMS 系统计算中，很少会有材料破坏的情况发生，相反其结构的变形程度，对系统的功能会产生重大影响。

（6）各向异性

各向异性是指物质的全部或部分化学、物理等性质随着方向的改变而有所变化，在不同的方向上呈现出差异的性质。表现在结构上，就是在不同的方向上，其物理量会表现出差异性，如材料的弹性模量、热导率、电导率、介电常数等。

（7）电场

电场是空间里存在的一种特殊物质。它是围绕带电粒子或物体的空间区域，并对其他的电荷施加力，吸引或排斥它们。电场存在于空间中的所有点。它在数学上定义为一个矢量场，与空间每一个点的单位电荷对测试电荷施加的力相关联，可以被看成是指向或远离电荷的箭头。电场的力的性质表现为：电场对放入其中的电荷有作用力，这种力称为电场力。

电场是由电荷或时变磁场产生的，电场强度是描述某点电场特性的物理量，符号是 E。数学表达为单位正电荷 q 在这一点上施加的力 F。电场的强度取决于源电荷，而不是测试电荷。

（8）磁场

带电粒子的运动或电场的变化产生磁场，磁场是一个矢量场，在该矢量场中可以观察到磁力。磁场，如地球磁场，可以使磁罗盘针和其他永磁体在磁场方向上排列。磁场迫使带电粒子沿圆周或螺旋线运动。磁场施加在电线电流上的力是电动机工作的基础。

5.2 有限元仿真原理

FBAR 器件模型的求解主要是基于压电耦合分析，应满足压电材料的本征方程。

在有限元（FEM）求解方法中，物理求解域被离散化，即将模型离散化为小体积的基本单元，通过对基本单元的线性插值计算得到整体物理场的解。

　　FBAR 器件的物理求解域如图 5.1 所示。图中，V 为器件的体积域，n_i 为单位外法线，S 为边界，S_e 为电极部分，S_u 为非电极部分。利用网格剖分将器件模型划分为若干个六面体基本单元，每个基本单元对连续场量——机械位移 $u_i (i=1,2,3)$ 和电势 Φ 进行线性插值函数求解，计算得到式(5-1)。

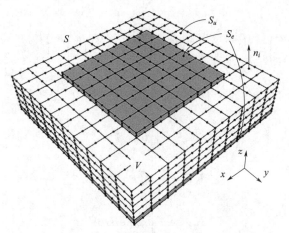

图 5.1　简易 FBAR 模型的物理求解域划分

$$u_i(\boldsymbol{r}) = \sum_{j=1}^{n} a_{ij} N_j(\boldsymbol{r}), \quad i=1,2,3$$

$$(5\text{-}1)$$

$$\Phi(\boldsymbol{r}) = \sum_{j=1}^{n} b_j N_j(\boldsymbol{r}), \quad \boldsymbol{r} \in V_e$$

　　式中，$\boldsymbol{r}$ 为位置矢量，$\boldsymbol{r}=(x_1,x_2,x_2)^{\mathrm{T}}$；$n$ 为节点的个数；a_{ij} 为位移自由度，b_j 为电自由度，a_{ij} 和 b_j 是未知的，其值由 FEM 方程求解得到。

　　在式(5-1)中，$N_j(\boldsymbol{r})=N_j(x_1,x_2,x_3)$是基本单元的形函数，并且满足如下插值特征：

$$N_j(\boldsymbol{r}_i)=N_j(x_{i1},x_{i2},x_{i3})=\delta_{ij}, i,j=1,\cdots,n \qquad (5\text{-}2)$$

　　式中，r_i 为 i 的节点位置；δ_{ij} 为克罗内克函数（$i=j$ 时，值为 1，$i \neq j$ 时，值为 0），式(5-2)代表自由度的值等于节点处连续场量的值。

　　式(5-1)的矩阵形式表示如式(5-3)所示：

$$u(\boldsymbol{r}) = N_u(\boldsymbol{r}) \times a$$

$$\Phi(\boldsymbol{r}) = N_p(\boldsymbol{r}) \times b \tag{5-3}$$

式中，$N_u(\boldsymbol{r})$ 和 $N_p(\boldsymbol{r})$ 为形函数矩阵；a 和 b 分别是机械自由度和电自由度。

结合第 2 章的相关方程，联立式(5-1)~式(5-3) 可以得到有限元方程组如式(5-4) 所示：

$$\begin{pmatrix} M_{uu} & 0 \\ 0 & 0 \end{pmatrix} \begin{pmatrix} \ddot{a} \\ \ddot{b} \end{pmatrix} + \begin{pmatrix} K_{uu} & K_{uf} \\ K_{uf}^T & K_{ff} \end{pmatrix} \begin{pmatrix} a \\ b \end{pmatrix} + \begin{pmatrix} g_{uu} & 0 \\ 0 & 0 \end{pmatrix} \begin{pmatrix} \dot{a} \\ \dot{b} \end{pmatrix} = \begin{pmatrix} \widehat{F}_b + \widehat{F}_n + \widehat{F}_p \\ \widehat{Q}_b + \widehat{Q}_n + \widehat{Q}_p \end{pmatrix} \tag{5-4}$$

式中，

$$K_{uu} = \int_e \boldsymbol{B}_u^T c \boldsymbol{B}_u \mathrm{d}V \tag{5-5}$$

$$K_{uf} = \int_e \boldsymbol{B}_u^T e^T B_\phi \mathrm{d}V \tag{5-6}$$

$$K_{ff} = -\int_e \boldsymbol{B}_f^T \varepsilon \boldsymbol{B}_f \mathrm{d}V \tag{5-7}$$

$$M_{uu} = \int_e \boldsymbol{\rho} \boldsymbol{N}_u^T \boldsymbol{N}_u \mathrm{d}V \tag{5-8}$$

$$g_{uu} = \int_e \boldsymbol{B}_u^T \boldsymbol{\eta} \boldsymbol{B}_u \mathrm{d}V \tag{5-9}$$

$$\widehat{F}_n = \oint_e \boldsymbol{N}_u^T \boldsymbol{t}_n \mathrm{d}S \tag{5-10}$$

$$\widehat{F}_b = \int_e \boldsymbol{N}_u^T \boldsymbol{f} \mathrm{d}V \tag{5-11}$$

$$\widehat{F}_p = \sum \boldsymbol{N}_u^T(\boldsymbol{r}_{pj}) f_{pj} \tag{5-12}$$

$$\widehat{Q}_n = -\oint_e \boldsymbol{N}_p^T \boldsymbol{q} \mathrm{d}S \tag{5-13}$$

$$\widehat{Q}_b = -\int_e \boldsymbol{N}_p^T \boldsymbol{\sigma} \mathrm{d}V \tag{5-14}$$

$$\widehat{Q}_p = -\sum \boldsymbol{N}_p^T(\boldsymbol{r}_{pj}) \boldsymbol{\sigma}_{pj} \tag{5-15}$$

式中，f_{pj} 为点 r_{ij} 处的机械应力；σ_{pj} 为 r_{pj} 处的电荷。式(5-10) 中 t_n 为机械表

面应力，T_{ij} 为应力张量元素，$B_u = \nabla_s N_u$，$B_f = \nabla N_p$，q 为单元边界上电位移向内法向量。

式(5-4)适用于器件模型中的每个基本单元，并且与器件模型实际结构无关，因此结合器件边界条件，有限元方法能够实现对器件数学物理方程的数值求解，在最接近于真实情况的条件下对器件进行分析与仿真。

5.3 二维模型建立与分析

在 ADS 中建立考虑温度效应的 Mason 模型，通过调谐和优化的功能逐步逼近课题所需要的工作频率，确定各膜层的结构参数，但无法验证器件的形状以及结构对谐振频率等参数的影响。若直接用三维模型进行 FBAR 的模拟，存在耗时长的问题。为了增强有限元模拟的可靠性，将先建立 FBAR 的二维模型，快速验证各膜层物理参数的可靠性，为三维模型奠定基础。

5.3.1 二维建模过程

（1）定义模型

建立 FBAR 的二维模型时，仅考虑温度补偿层（支撑层）、底电极层、压电层、顶电极层，各膜层结构参数参考表 4.4 中串联 FBAR 单元进行设置，其中压电层材料为 AlN，厚度为 $0.50\mu m$，电极层材料为 Mo，顶电极厚度为 $0.15\mu m$，底电极厚度为 $0.201\mu m$，温度补偿层材料为 SiO_2，厚度为 $0.33\mu m$。由于 FBAR 模型的厚度尺寸远小于横向尺寸，为了防止两个电极层之间短接，发生短路现象，在设计时，将顶电极横向尺寸设置得要小于压电层和其下部的膜层，顶电极的横向尺寸为 $100\mu m$。各层所需要的材料可以从 COMSOL 自带的材料库中调取，调取成功后需要检查各材料的参数，主要包括杨氏模量、密度等，而压电材料另需要检查夹持介电常数、弹性系数和压电应力常数，定义的二维模型如图 5.2 所示。由于器件的横向尺寸远远大于厚度，为更加直观地展示 FBAR 器件的各膜层分布情况，在纵向比例上扩大 15 倍。

图 5.2 的左右两侧增加了完美匹配层（Perfect Matching Layer，PML），是在各结构层上左右各截取了横向尺寸为 $15\mu m$ 的部分区域，该部分材料的波阻抗和相邻膜层的波阻抗一致，它的作用是使压电层中散射出来的弹性波，能完全被 PML 层吸收，使得仿真结果更加贴合实际 FBAR 的性能，但

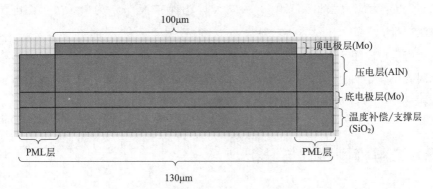

图 5.2　FBAR 的二维结构（纵向比例扩大 15 倍展示）

需特别注意的是，在实际的 FBAR 器件中，不存在该 PML 区域，其仅用于有限元仿真。

（2）选择物理场

FBAR 器件主要涉及静电学物理场以及固体力学模型，在静电学物理场的设置中，只针对压电层的区域进行电学方程的设置与求解。将压电层和顶电极的接触面，也就是压电层的上表面与顶电极层的下表面的接触面设置终端电压为 1V，将压电层与底电极的接触面设置为接地。在固体力学场的设置中，将除压电层外的部分全部设置为线弹性材料。

（3）网格划分

在有限元的分析中，网格剖分的粗细会直接影响仿真结果的精确性，如果网格剖分太过于粗略，会导致结果的精度不够；网格剖分过于密，则会导致计算的溢出，因此对于 FBAR 的二维模型的网格剖分将采用"映射"的方式进行。针对 FBAR 的各个层分别进行"映射分布"。压电层是 FBAR 的核心部分，也是声波激发和传输的主要部分，对该部分的网格剖分需更加密集，该部分分布的单元数设置为 30，顶电极层和底电极层分布的单元数分别设置为 5 和 6，温度补偿层分布的单元数设置为 10。

（4）选择求解器

完成了前述的准备工作后，在"研究"中选择"特征频率"求解，在前面的 ADS 仿真分析中，已经确定了在所设置的结构参数下 FBAR 的谐振频率区间，也了解了 FBAR 在工作时会产生串联谐振频率和并联谐振频率，因此在计算完成后换算得到频率响应曲线，读取串、并联谐振频率，绘制应力分布图以及振动模态图。

按上述的步骤进行二维模型的试验后，可以得到器件在 1V 的电压激励下，器件的形变位移以及应力大小及分布情况，求解分析后，可以通过式(5-16) 得到导纳值：

$$Y_{11} = \frac{\dfrac{\partial q'}{\partial t}}{V} = j\omega\,\frac{q'}{V} \qquad (5\text{-}16)$$

式中，V 为电极间的电压；q' 为电荷量。通过式 $Z = \log(\text{abs}(1/(\text{es.}\,Y_{11})))$ 得到其阻抗值，从而绘制出器件的频率阻抗特性曲线。

5.3.2　不同压电材料的 FBAR 仿真分析

FBAR 压电层常用的压电材料主要是 AlN 和 ZnO，AlN 和 ZnO 均属于 6mm 点群，晶体结构为六方纤锌矿结构，其弹性系数矩阵（c）、压电应力常数矩阵（e）和相对介电常数矩阵（ε）如下所示。

ZnO 的弹性系数矩阵、压电应力常数矩阵和相对介电常数矩阵分别为：

$$c = \begin{bmatrix} 209.7 & 121.1 & 105.1 & 0 & 0 & 0 \\ 121.1 & 209.7 & 105.1 & 0 & 0 & 0 \\ 105.1 & 105.1 & 210.9 & 0 & 0 & 0 \\ 0 & 0 & 0 & 42.47 & 0 & 0 \\ 0 & 0 & 0 & 0 & 42.47 & 0 \\ 0 & 0 & 0 & 0 & 0 & 44.3 \end{bmatrix} \text{(GPa)} \qquad (5\text{-}17)$$

$$e = \begin{pmatrix} 0 & 0 & 0 & 0 & -0.48 & 0 \\ 0 & 0 & 0 & -0.48 & 0 & 0 \\ -0.573 & -0.573 & 1.32 & 0 & 0 & 0 \end{pmatrix} \text{(C/m}^2) \qquad (5\text{-}18)$$

$$\varepsilon = \begin{pmatrix} 8.55 & 0 & 0 \\ 0 & 8.55 & 0 \\ 0 & 0 & 10.24 \end{pmatrix} \qquad (5\text{-}19)$$

AlN 的弹性系数矩阵、压电应力常数矩阵和相对介电常数矩阵分别为：

$$c = \begin{bmatrix} 345 & 125 & 120 & 0 & 0 & 0 \\ 125 & 345 & 120 & 0 & 0 & 0 \\ 120 & 120 & 395 & 0 & 0 & 0 \\ 0 & 0 & 0 & 118 & 0 & 0 \\ 0 & 0 & 0 & 0 & 118 & 0 \\ 0 & 0 & 0 & 0 & 0 & 110 \end{bmatrix} \text{(GPa)} \tag{5-20}$$

$$e = \begin{bmatrix} 0 & 0 & 0 & 0 & -0.48 & 0 \\ 0 & 0 & 0 & -0.48 & 0 & 0 \\ -0.58 & -0.58 & 1.55 & 0 & 0 & 0 \end{bmatrix} \text{(C/m}^2\text{)} \tag{5-21}$$

$$\varepsilon = \begin{bmatrix} 9 & 0 & 0 \\ 0 & 9 & 0 \\ 0 & 0 & 11 \end{bmatrix} \tag{5-22}$$

ZnO 和 AlN 压电材料的导纳曲线和相位曲线如图 5.3 所示。从图中可以看出，当膜层厚度相同时，压电材料为 AlN 的 FBAR 的谐振频率高于压电材料为 ZnO 的 FBAR 的谐振频率。AlN 薄膜 FBAR 的 $f_s = 3.467\text{GHz}$，$f_p = 3.541\text{GHz}$；ZnO 薄膜 FBAR 的 $f_s = 2.685\text{GHz}$，$f_p = 2.798\text{GHz}$。这是因为 FBAR 的谐振频率与压电材料的纵波声速正相关，而 AlN 压电薄膜的纵波声速大于 ZnO 压电薄膜的纵波声速。因此，AlN 压电薄膜 FBAR 相比于 ZnO 压电薄膜 FBAR 有更高的谐振频率。

与 ADS 仿真相比，AlN 和 ZnO 压电薄膜均出现不同程度的寄生谐振，而 AlN 压电薄膜的相位曲线比 ZnO 的更为平滑，尤其是在 f_p 处，ZnO 薄膜 FBAR 比 AlN 薄膜 FBAR 出现了更加强烈的寄生谐振。这些寄生谐振在后续阶段进行 FBAR 滤波器设计时，会严重影响滤波器的带内特性。而且，ZnO 薄膜中的锌离子会对微工艺线造成污染，严重降低载流子寿命，无法实现器件与半导体工艺的集成，并且 ZnO 薄膜化学稳定性较差，不适宜作为器件压电膜层材料。AlN 薄膜因其高声速、低损耗、低温度系数、高化学稳定性以及能与半导体工艺相集成的特点成了 FBAR 器件首选的压电层材料。

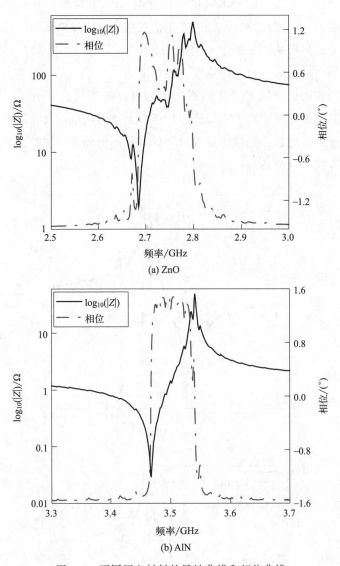

图 5.3　不同压电材料的导纳曲线和相位曲线

5.3.3　不同横向尺寸的 FBAR 仿真分析

顶电极尺寸决定了 FBAR 的激励区域，研究顶电极不同横向尺寸对 FBAR 寄生谐振模态的影响，顶电极横向尺寸分别设置为 $30\mu m$、$50\mu m$、$70\mu m$ 和 $100\mu m$。仿真得到各种电极横向尺寸的阻抗特性曲线和相位曲线如图 5.4 所示。

从图 5.4 可以看出，四种电极横向尺寸的 FBAR 均存在寄生谐振，随着电极横向尺寸的增加，阻抗特性曲线的寄生谐振强度存在逐渐降低的趋势，曲线也变得更加平滑。然而从相位图中也可以看出，在 f_s 和 f_p 之间，寄生谐振的数量在逐渐增加，但是寄生模式的强度在逐渐减弱。

仿真结果表明，增加 FBAR 的横向尺寸可以起到削弱寄生谐振的作用。这是由于横向驻波的存在影响了谐振器的性能。由于横向电极尺寸的增加，横向模式声波的传播路径增加，导致边界效应降低，从而削弱了横向驻波的能量，使得寄生谐振幅度减小且分散。

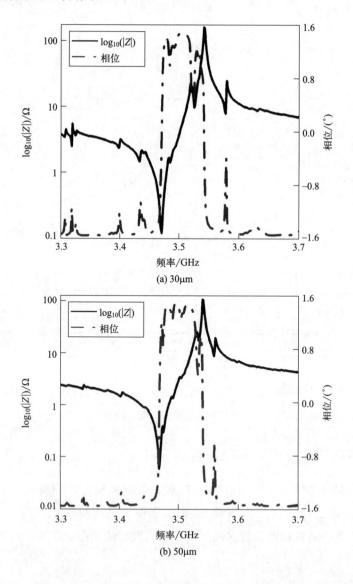

(a) 30μm

(b) 50μm

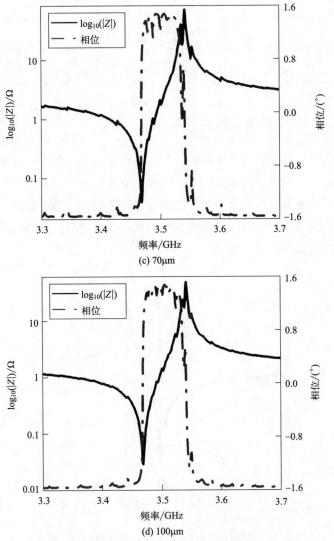

(c) 70μm

(d) 100μm

图 5.4　各种电极横向尺寸的阻抗特性曲线和相位曲线

由表 5.1 可以看出，电极的横向尺寸不影响 FBAR 的谐振频率，同时随着电极的横向尺寸的增加，FBAR 的串联谐振点的品质因数（Q_s）和并联谐振点的品质因数（Q_p）都会逐渐增加。

表 5.1　不同电极横向尺寸的 FBAR 仿真结果

电极横向尺寸/μm	f_s/GHz	f_p/GHz	Q_s	Q_p
30	3.467	3.541	1658	1202
50	3.467	3.541	1669	1305

续表

电极横向尺寸/μm	f_s/GHz	f_p/GHz	Q_s	Q_p
70	3.467	3.541	1720	1328
100	3.467	3.541	1722	1339

5.3.4 FBAR 二维有限元仿真的验证

FBAR 二维模型的频率响应及阻抗相位曲线如图 5.5 所示,从图中可知,串联谐振频率 f_s 为 3.467GHz,并联谐振频率 f_p 为 3.541GHz。可以明显地看出,在串联谐振频率和并联谐振频率之间存在很多的寄生谐振。这是由于有限元模型中考虑了横向剪切波以及压电材料的损耗,进而导致出现寄生谐振,并且相较于 ADS 的仿真结果,频率降低了一些。

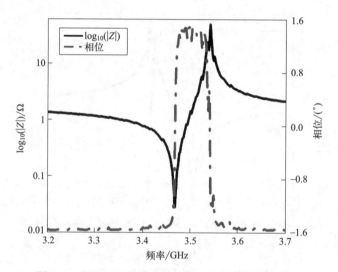

图 5.5 FBAR 二维模型的频率响应及阻抗相位曲线

进一步,建立二维绘图组,分别设置以"体"和"面"绘制 FBAR 器件的振动位移云图,如图 5.6 所示,其中以"体"进行时,FBAR 以原比例展示振动位移;以"表面"表示形式展示振动位移分布时,FBAR 以纵向比例扩大 15 倍展示,如图 5.7 所示。

由振动位移图 5.6 分析可知,FBAR 谐振器的振动位移由中心位置向两侧边缘延伸,且振动位移量逐渐减小,中心位置处振动产生的位移最大。这是因为中间部分的自由度最高,谐振点附近形变量具备最大值;其中 AlN 压电薄

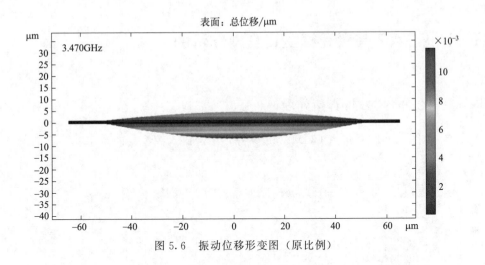

图 5.6　振动位移形变图（原比例）

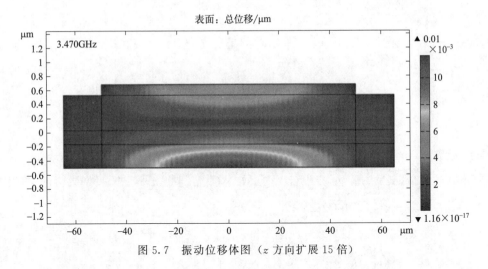

图 5.7　振动位移体图（z 方向扩展 15 倍）

膜层在频率为 3.470GHz 时存在形变位移的最大值。同样也可以看出，器件的底部位移要大于顶部，这是由于在底部设置的 SiO_2 层厚度偏厚导致，声波向上传输到顶电极的上表面，由于再无法向上传输，而向下传输时，经过底电极，依然会存在在温度补偿层 SiO_2 进行传输，从而导致底部的振动位移大于顶部。

相比较于 ADS 模拟的结果，FBAR 二维模型的谐振频率有所下降，也存在一些寄生谐振，但总体而言，证实了该二维仿真下得到的谐振特性是具有参考价值的，也证实了前文中初步确定的 FBAR 的物理参数是可靠的。

5.4 FBAR 有限元模型建立操作示例

5.4.1 COMSOL 仿真预处理

① 如图 5.8 所示进入 COMSOL 软件，单击进入模型导向。

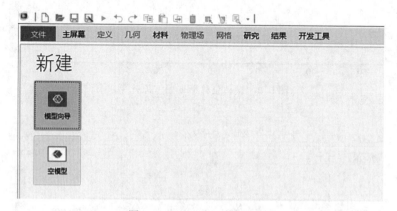

图 5.8 COMSOL 模型向导

② 进入空间维度界面如图 5.9 所示，选择"二维"。

图 5.9 COMSOL 空间维度选择

③ 添加物理场，选择结构力学-电磁-结构相互作用-压电-压电，固体。然后单击"添加""研究"，如图 5.10 所示。

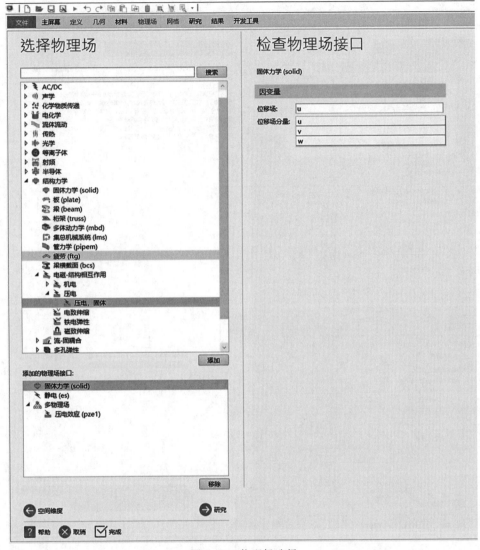

图 5.10 物理场选择

④ 选择求解器，因为要研究的是频率特性，所以选择频域求解器。单击选择"研究——一般研究—频域"，如图 5.11 所示。

⑤ 求解器选择完毕之后，进入模型开发器窗口。在此窗口中，从上到下依次是全局变量、函数定义、局部变量定义、几何模型、材料参数、物理场与多物理场耦合、网格、研究、结果处理，如图 5.12 所示。

此时，模型向导部分已经设置完毕，接下来开始正式建模阶段。

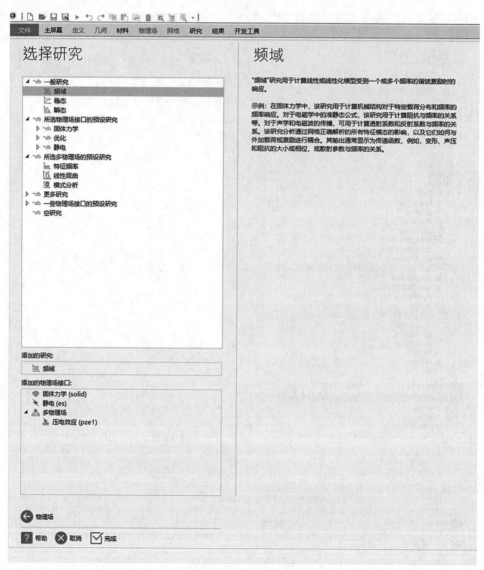

图 5.11　求解器选择

5.4.2　FBAR 模型建立

　　① 在模型开发器窗口组件 1 节点下，单击"几何 1"；在几何 1 的设置窗口中，定位到单位栏；在长度单位列表中选择"μm"，如图 5.13 所示。

　　② 设置完几何单位后，进入模型绘制阶段。

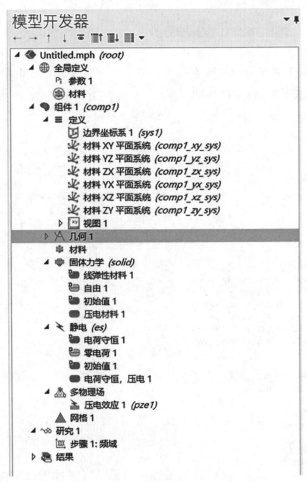

图 5.12　建立模型

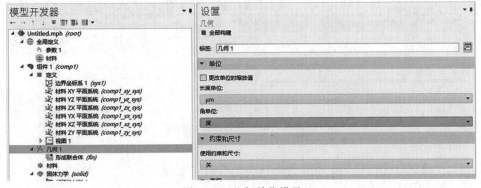

图 5.13　几何单位设置

绘制电极层和压电层，在几何工具栏单击"矩形 1"。

在矩形 1 的设置窗口中，定位到大小和形状栏。输入宽度"100"、高度"0.85"。

单击展开层选项卡，选中层在底面，在层 1 厚度中输入"0.2"，层 2 厚度中输入"0.5"。表示 FBAR 三层膜厚度分别为 $0.15\mu m$、$0.5\mu m$ 和 $0.2\mu m$。

单击"构建所有对象"，如图 5.14 所示。

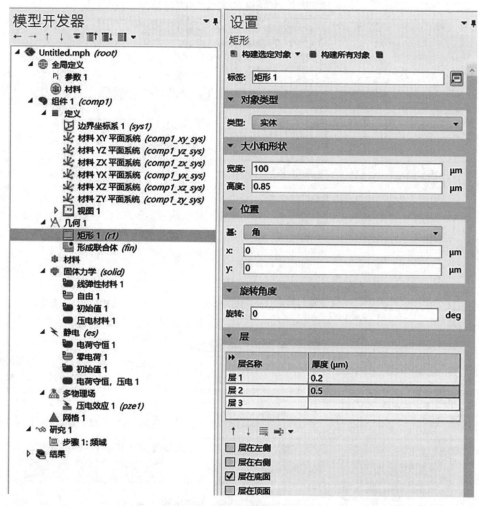

图 5.14　电极层和压电层绘制

③ 绘制温度补偿层，在几何工具栏中单击"矩形 2"。

在矩形 2 的设置窗口中，定位到大小和形状栏。输入宽度"200"、高度

"0.33"。在位置栏，基准列表中选择角，x 栏输入 "-50"，y 栏输入 "-0.33"。

单击展开层选项卡，选中层在左侧和层在右侧，并在层 1 厚度中输入 "5"。表示 FBAR 两侧 PML 厚度为 $5\mu m$，温度补偿层为 $0.33\mu m$。

单击 "构建所有对象"，如图 5.15 所示。

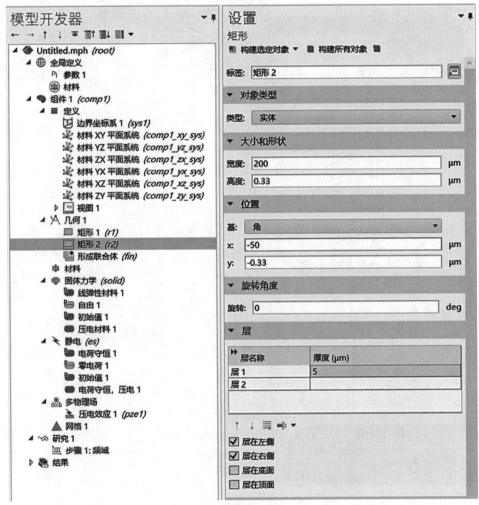

图 5.15　温度补偿层绘制

④ 绘制基底，在几何工具栏单击 "矩形 3"。

在矩形 3 的设置窗口中，定位到大小和形状栏。输入宽度 "40"、高度 "5"。在位置栏，基准列表中选择角，x 栏输入 "-50"，y 栏输入 "-5.33"。

单击展开层选项卡，选中层在左侧，在层 1 厚度中输入 "5"。表示 FBAR

左侧 PML 厚度为 $5\mu m$，基底层厚度为 $5\mu m$。单击"构建所有对象"，如图 5.16 所示。

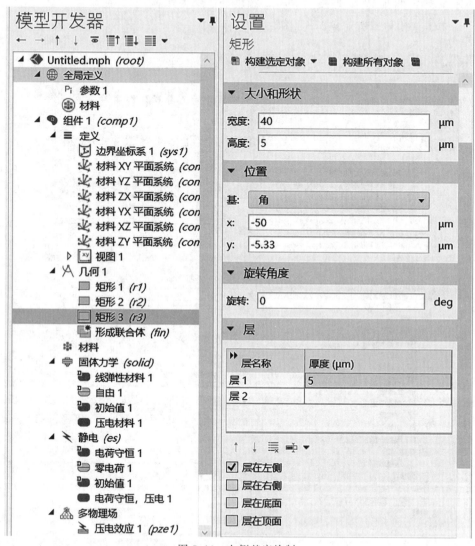

图 5.16　左侧基底绘制

在几何工具栏中单击"矩形 4"。

在矩形 4 的设置窗口中，定位到大小和形状栏。输入宽度"40"、高度"5"。在位置栏，基准列表中选择角，x 栏输入"-110"，y 栏输入"-5.33"。

单击展开层选项卡，选中层在右侧，在层 1 厚度中输入"5"。表示 FBAR 右侧 PML 厚度为 $5\mu m$，基底层厚度为 $5\mu m$。

单击"构建所有对象"，如图 5.17 所示。

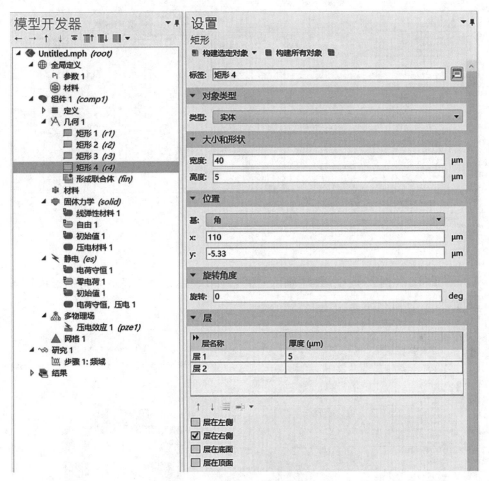

图 5.17　右侧基底绘制

⑤ 更改高宽比以获得更为明晰的模型视图。在模型开发器窗口中展开组件1—定义，右击视图 1 节点，单击"复制粘贴"，展开视图 2 节点，单击"轴"，在设置窗口中，定位到轴栏，在视图比例中选择自动，单击"更新"。

在图形工具栏中选中，缩放到窗口大小，效果如图 5.18 所示。

⑥ 完美匹配层（PML）设置。在定义工具栏中单击"完美匹配层 1"。

在完美匹配层 1 的设置窗口中，定位到域选择栏。

单击"粘贴选择"，在粘贴选择对话框中，输入"1，2，9，10"，单击"确定"。

在完美匹配层的设置窗口中，定位到缩放栏。

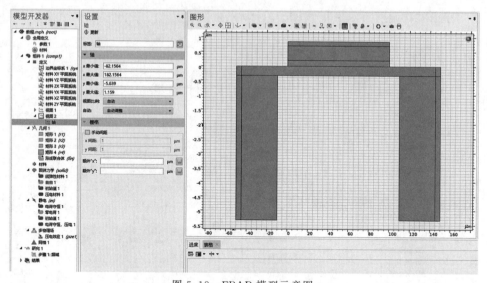

图 5.18　FBAR 模型示意图

在 PML 比例因子文本框中输入"5"，在 PML 比例曲率参数文本框中输入"2"，如图 5.19 所示。

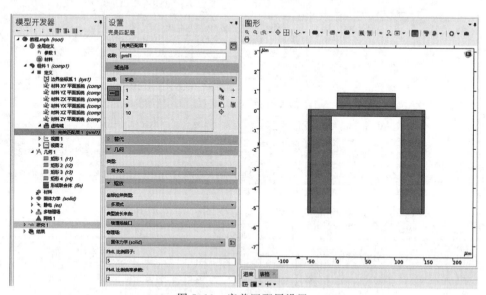

图 5.19　完美匹配层设置

绘制完 FBAR 模型后，进入材料设置阶段。

5.4.3 FBAR 材料设置

① 在主屏幕工具栏中，单击"添加材料"以打开添加材料窗口。

在模型树中选择"内置材料"—"Silicon"，单击"添加到组件"。

在材料设置窗口，定位到几何实体选择栏，输入"1，3，8，9"，如图 5.20、图 5.21 所示。

图 5.20 硅材料选择

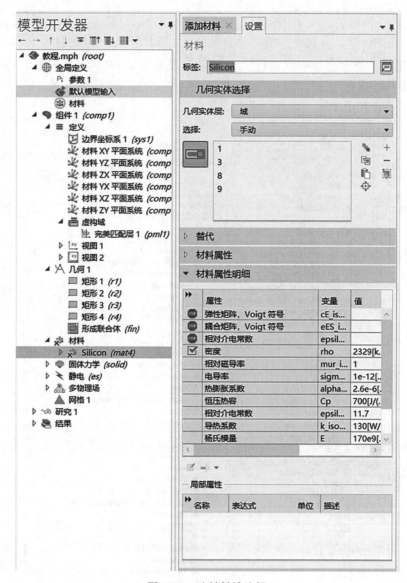

图 5.21 硅材料域选择

② 在 模 型 树 中 选 择 "压 电" — "Aluminum Nitride"，单 击 "添 加 到组件"。

在材料设置窗口，定位到几何实体选择栏，输入 "6"。如图 5.22、图 5.23所示。

图 5.22　AlN 选择

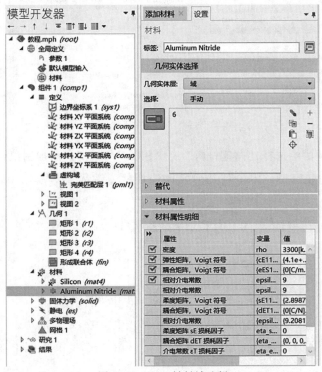

图 5.23　AlN 材料域选择

③ 在模型树中选择"内置材料"—"Molybdenum",单击"添加到组件"。

在材料设置窗口,定位到几何实体选择栏,输入"5,7"。如图 5.24、图 5.25 所示。

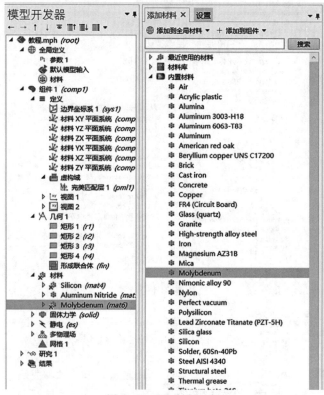

图 5.24　Mo 材料选择

④ 在模型树中选择"内置材料"—"SiO₂",单击"添加到组件"。

在材料设置窗口,定位到几何实体选择栏,输入"2,4,10"。如图 5.26 所示。

定义材料完毕后,开始进行物理场参数设置。

5.4.4　固体力学物理场参数设置

① 在模型开发器窗口的组件 1 节点下,单击"固体力学"。

在固体力学的设置窗口中,定位到厚度栏,在文本框"d"中输入"1.7 [mm]"。单击展开完美匹配层的典型波速栏。在"c_{ref}"文本框中输入"9000",如图 5.27 所示。

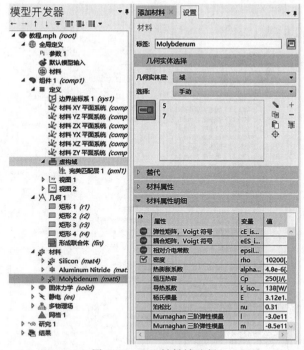

图 5.25 Mo 材料域选择

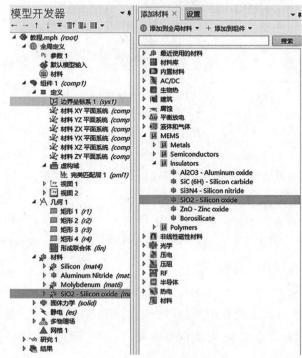

图 5.26 SiO₂ 材料选择

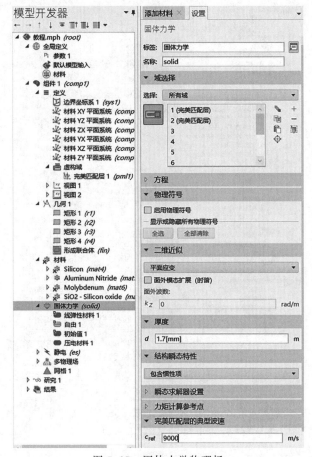

图 5.27　固体力学物理场

② 在模型开发器窗口的"组件 1"—"固体力学"节点下，单击"压电材料 1"。

在压电材料的设置窗口中，定位到域选择栏，单击"清除选择"，单击"粘贴选择"。

在粘贴选择对话框中，在选择文本框中输入"6"。如图 5.28 所示。

③ 损耗设置。右击"压电材料 1"，在列表中选择"机械阻尼"，在阻尼类型列表中选择"各向同性损耗因子"。

从"η_s"列表中选择"用户定义"，文本框中输入"0.001"。

右击压电材料 1，在列表中选择"介电损耗 1"，在介电损耗设置栏中，从 $\eta_{\varepsilon s}$ 列表中选择"用户定义"，文本框中输入"0.01"。如图 5.29、图 5.30 所示。

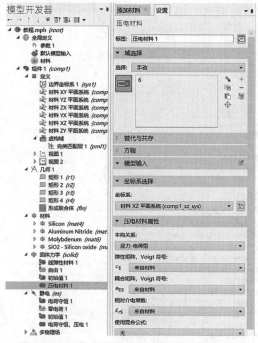

图 5.28　固体力学物理场中压电材料域选择

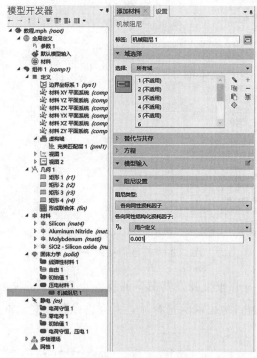

图 5.29　机械阻尼设置

④ 固定约束设置。右击"固体力学",在列表中单击"固定约束 1"。

在固定约束的设置窗口中,定位到边界选择栏,单击"粘贴选择",在选择文本框中输入"1,3,32,33"。如图 5.31 所示。

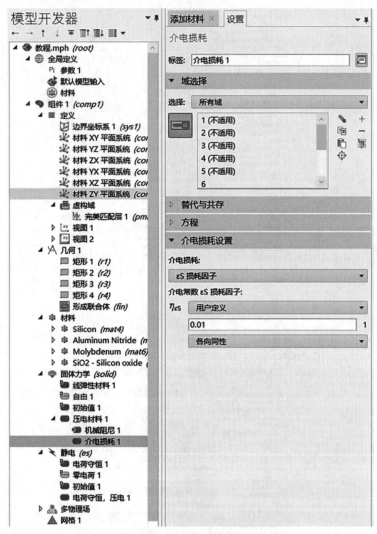

图 5.30　介电损耗因子设置

⑤ 静电场设置。在模型开发器窗口的组件 1 节点下,单击"静电"。

在静电的设置窗口中,清除选择域,并在粘贴选择对话框中输入"6",单击"确定"。

在静电的设置窗口中,定位到厚度栏,输入"1.7[mm]"。如图 5.32 所示。

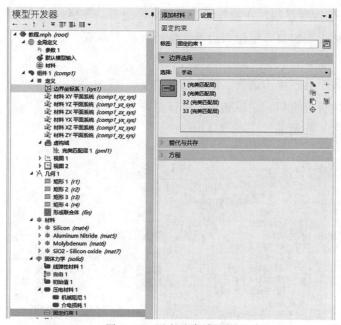

图 5.31　固定约束域选择

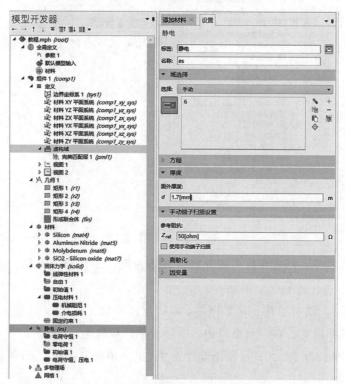

图 5.32　静电场设置

⑥ 设置接地与终端。在物理场工具栏单击边界，然后选择"接地1"。

在接地的设置窗口，定位到边界选择栏，在文本框中输入"16"，代表底电极接地。

在物理场工具栏单击边界，然后选择"端子1"。

在端子的设置窗口，定位到边界选择栏，在文本框中输入"18"，将终端类型修改为电压。如图 5.33、图 5.34 所示。

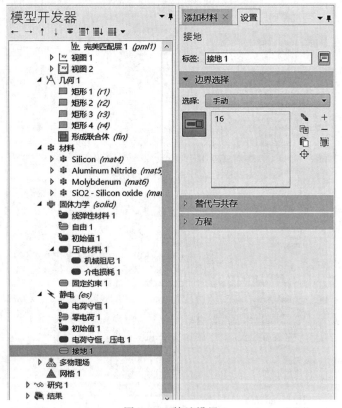

图 5.33　接地设置

⑦ 网格划分。以选择自由剖分网格方法为例，在网格工具栏大小一栏中选择细化。

右击网格，选择自由三角形网络，单击全部构建。如图 5.35 所示。

⑧ 求解器设置。在频域窗口中，将频域单位设置为"GHz"，频率起始设置为"3.4"，步长为"0.001"，停止设置为"3.6"。单击"添加"，计算。如图 5.36 所示。

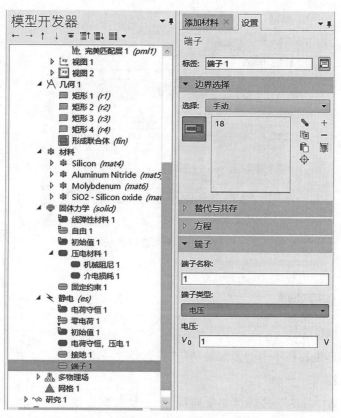

图 5.34　端子设置

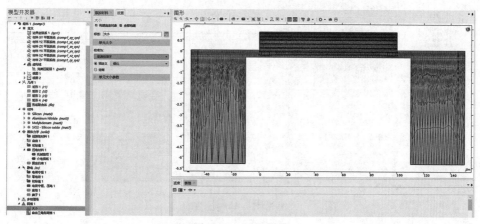

图 5.35　网格划分

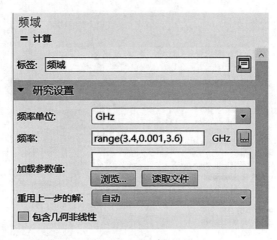

图 5.36　求解器设置

5.4.5　仿真后处理

（1）导纳计算

在主屏幕工具栏单击"添加绘图组"，选择"一维绘图组"，在一维绘图组的标签文本框输入"导纳"。

右键单击"导纳"并选择"全局"，在 y 轴数据栏输入"1/abs（es.Y11）"，单击"绘制"。如图 5.37 所示。

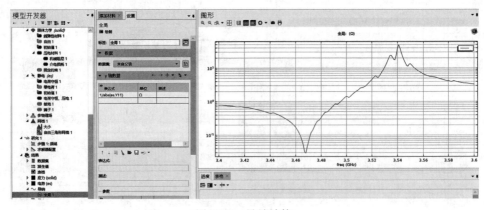

图 5.37　导纳计算

（2）相位计算

在主屏幕工具栏单击"添加绘图组"，选择一维绘图组，在一维绘图组的标签文本框输入"导纳"。

右键单击"导纳"并选择"全局"，在 y 轴数据栏输入"arg1/（es. Y11）"，单击"绘制"。如图 5.38 所示。

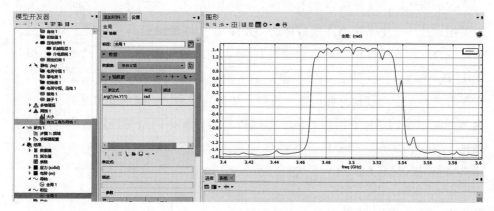

图 5.38　相位计算

（3）Q 值计算

在主屏幕工具栏单击"添加绘图组"，选择"一维绘图组"，在一维绘图组的标签文本框输入"Q 值"。如图 5.39 所示。

右键单击"导纳"并选择"全局"，在"y 轴数据"栏右上角的"替换表达式（圆圈处）"，从菜单中选择"组件—固体力学—全局—频率质量因子"，单击"绘制"。

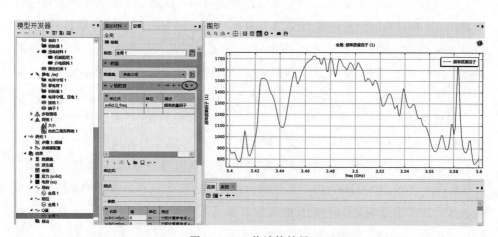

图 5.39　Q 值计算结果

5.5　三维模型建立与分析

如前所述，由于横向声波的泄漏，FBAR 谐振器的 f_s 和 f_p 之间出现了寄生谐振，这些寄生谐振会降低器件的 Q 值，也会在后续设计中恶化 FBAR 滤波器的带内性能。二维模型可以快速地计算 FBAR 的频率响应和振动模态，但是无法准确模拟横向驻波对 FBAR 谐振的影响。目前，抑制横向声波泄漏的方案主要有两种：上电极任意两边不平行的"变迹"法和"边缘负载加厚"法。三维模型可以针对 FBAR 谐振器的电极形状以及器件整体的结构进行模拟，进一步完善 FBAR 的物理结构参数，本部分将通过建立三维模型，确定电极形状，为建立完整的 FBAR 模型进行实验做好准备。

5.5.1　三维建模过程

在建立三维模型时，同样是考虑到 FBAR 器件的纵向尺寸要远小于横向尺寸，因此在建模时，下一层的膜层面积要大于上一层。为保证有效谐振面积为 $10000\mu m^2$，只需将顶电极的面积设置为 $10000\mu m^2$ 即可，膜层的材料及厚度按初步确定的大小进行设置，材料可从 COMSOL 自带的材料库中进行选择，但需检查各个材料的性能参数，最后在底部膜层所在的域设置 PML 层。

同样地，进行三维模型的仿真时，也是需要静电场和固体力学场的共同作用，设置静电物理场时，和二维模型的设置类似，在压电层上下表面分别设置终端电压 1V 和接地。设置固体力学场时需要对压电层材料的自带参数进行检查。最后进行网格的剖分，由于三维结构的 FBAR 并不是规则的形状，若采用扫掠的方式进行网格剖分，会导致一些区域报错，因此在三维结构的网格剖分中，采用"自由四面体网络"，大小根据实际情况设置为"极细化"。

最后在"研究"中选择"频域"求解，在前面的 ADS 仿真以及二维模拟实验分析中，已经确定了在所设置的结构参数下的 FBAR 的谐振频率区间，因此在进行 FBAR 的三维模型的频域研究分析时，直接将扫频范围设置为 3.20～3.80GHz，步长为 1MHz。由于模型的网格剖分密度大，每个模型的求解自由度均较大，往往需要花费 18～24h 的时间在服务器上进行计算求解。在计算完成后，对得到的 FBAR 的频率响应曲线以及振动位移图等结果进行分析。

为了量化 FBAR 器件频率响应时的寄生纹波，将史密斯阻抗圆图上各点

(u,v) 拟合成一个圆，进行不圆度（NC）分析，得到 NC 值。不圆度的定义为：在史密斯圆图中确定一个中心点 (u_c,v_c)，计算曲线上各点 (u,v) 到中心点 (u_c,v_c) 的距离 r 的均方差和均值，二者的比值即为 NC 值，如式(5-30) 所示：

$$NC=\frac{\sigma(r)}{R}\times100\%\qquad\qquad(5\text{-}23)$$

式中，$r=\sqrt{(u-u_c)^2+(v-v_c)^2}$，$\sigma(r)$ 为 r 的均方差；R 为 r 的平均值。

5.5.2　不同电极形状的仿真研究

FBAR 的工作频率主要是以纵向传波的体声波引发驻波谐振而产生的，但实际上由于 FBAR 横向尺寸有限，也会激励横向传播的体声波。横向体声波从电极一侧发射，并在电极边缘处反射，当入射路径与反射路径相同时，就会形成横向驻波，在阻抗特性曲线上表现为寄生谐振，在史密斯圆图上表现为一系列的小圆。FBAR 工作频率附近的横向声波，其谐振频率近似计算为：

$$f_T=\frac{Nv_s}{2L},\quad N=1,2,3,\cdots\qquad\qquad(5\text{-}24)$$

式中，f_T 为横向声波的谐振频率；v_s 为横向声波的声波波速；N 为谐波阶数；L 为 FBAR 的横向尺寸。

寄生谐振的强度会随着 N 的增大而减弱或随着传输距离 L 的增长而减弱。另外，其还随着横向边界上谐振路径相同点的数量增加而增强。

"变迹"法的主要思想是设计一个具有非平行边缘电极的 FBAR 谐振器，如图 5.40 和图 5.41 所示，使横向声波的传播路径增加，电极边缘的每个点的反射路径均不相同，能够削弱寄生谐振的强度。

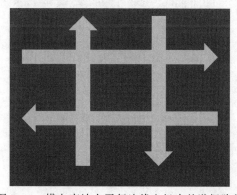

图 5.40　横向声波在平行边缘电极中的谐振路径

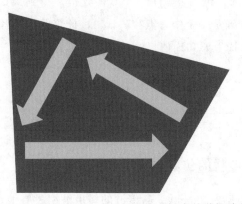

图 5.41 横向声波在非平行边缘电极中的谐振路径

因此，为了削弱寄生谐振，必须对电极结构进行优化设计。分别建立正方形、圆形、梯形以及正五边形四种形状，用于探究形状是否会对 FBAR 谐振器的频率等产生影响，由于电极形状的研究与 FBAR 的基底部分不存在直接关系，与 FBAR 的有效谐振区域相关[84]，且基底的存在会耗费大量的模拟求解时间，因此在对电极形状的研究中，未考虑基底。对四种形状进行网格剖分后，如图 5.42 所示。

对四种电极层形状的 FBAR 谐振器进行"频域"研究后，绘制一维、二维绘图组，得到最大应力分布（图 5.43）、振动位移分布（图 5.44），以及史密斯阻抗圆图（图 5.45）。

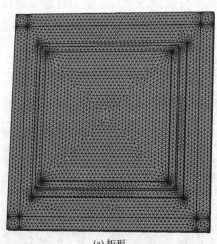

(a) 矩形

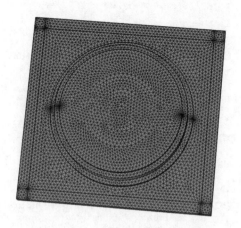

(b) 圆形

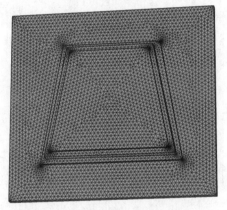

(c) 梯形

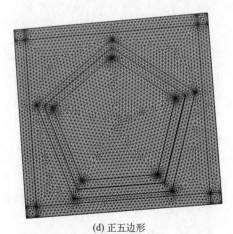

(d) 正五边形

图 5.42　不同电极形状的 FBAR 三维模型

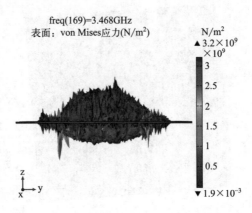

(a) 矩形

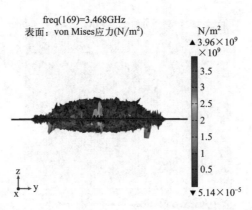

(b) 圆形

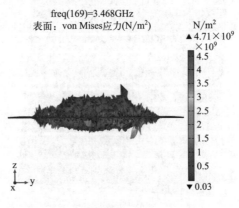

(c) 梯形

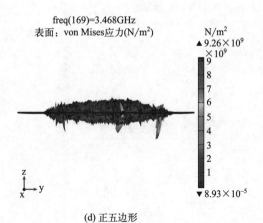

(d) 正五边形

图 5.43　FBAR 在不同电极形状下的最大应力分布

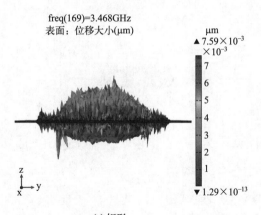

(a) 矩形

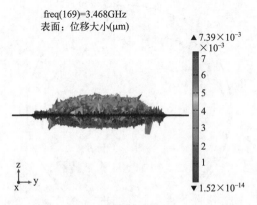

(b) 圆形

图 5.44

freq(169)=3.468GHz
表面：位移大小(μm)

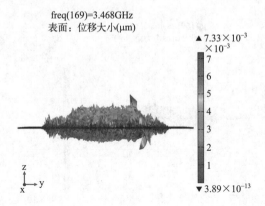

(c) 梯形

freq(169)=3.468GHz
表面：位移大小(μm)

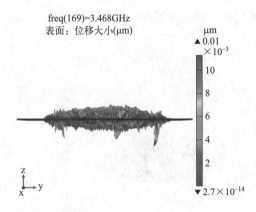

(d) 正五边形

图 5.44　FBAR 在不同电极形状下的振动位移分布

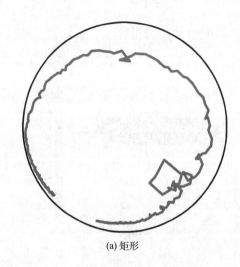

(a) 矩形

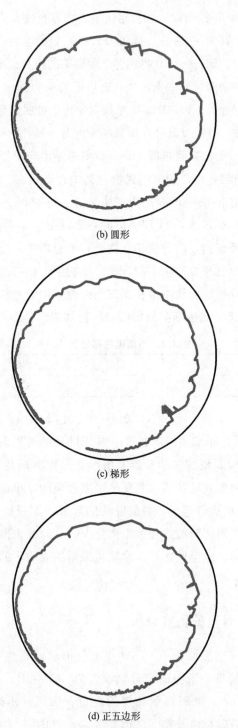

(b) 圆形

(c) 梯形

(d) 正五边形

图 5.45　FBAR 在不同电极形状下的史密斯阻抗圆

分析图 5.43～图 5.45 可知，四种结构中，应力的最大值均出现在 FBAR 器件的串联谐振频率点，其中正五边形结构的 FBAR，它的应力分布更加集中，应力分布图的边缘更加光滑。同样，仿真得到各个图形下的位移云图，振动位移的最大值也均出现在器件的串联谐振频率点，并且五边形的振动位移分布也是更加得集中。因为在串联谐振频率点时，FBAR 因压电效应导致压电层内部的极化方向，与外面所加电场的方向一致，这也就导致在串联频率点时，器件的应力和位移值最大。

观察四个图形的史密斯阻抗圆图，可以清晰地看出，矩形和圆形电极形状的FBAR，它的史密斯阻抗圆图极其不光滑，其中存在很多的寄生小圆，这些小圆在 FBAR 的频率特性曲线中均表现为寄生谐振。这是因为这两个形状中，横向声波从电极边界的一侧出发，在 FBAR 的对面的另一边界反射，此时横向波的入射路径和反射路径相同，两种波相互耦合，通过器件的边界成为了驻波，从而在史密斯阻抗圆图中表现为寄生小圆。梯形结构中，也有部分边界存在正对的情况，因此梯形的频率特性曲线中也存在寄生谐振，但数量较少，相比较而言，正五边形结构的 FBAR 的史密斯阻抗圆图显得更加光滑。

表 5.2　不同电极形状的 NC 值

形状	矩形	圆形	梯形	正五边形
NC 值/%	6.89	6.64	6.53	6.19

由表 5.2 可知，正五边形的 NC 值最小，为 0.0619；比矩形的 NC 值减小了 10.16%，这表明，正五边形能有效削弱 FBAR 的寄生谐振。

在 FBAR 工作时，机械振动会激发出沿着厚度方向传输的纵波和沿着横向传输的兰姆波，横向激发的兰姆波是要尽可能避免的，可以通过采用各边不正对（不规则）的电极形状进行避免，抑制驻波的形成。不规则的电极形状能改变兰姆波的反射方向，使得兰姆波的传播距离变大，从而减少形成驻波的机会，达到减少寄生谐振的目的。综上所述，本课题将采用正五边形的电极形状进行完整的FBAR 器件的设计。

5.5.3　不同谐振面积的仿真分析

为了研究在不同谐振面积下，FBAR 电极形状对寄生谐振的影响，建立了FBAR 三维有限元模型，谐振面积分别设置为 $3600\mu m^2$、$4900\mu m^2$、$6400\mu m^2$、$8100\mu m^2$ 和 $10000\mu m^2$，电极形状设置为矩形、圆形、不规则四边形和正五边形。仿真得到史密斯阻抗曲线和 NC 值如图 5.46 和图 5.47 所示。

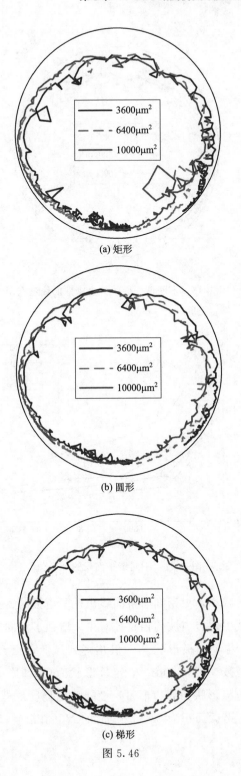

(a) 矩形

(b) 圆形

(c) 梯形

图 5.46

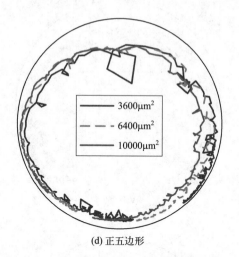

(d) 正五边形

图 5.46　不同谐振面积的史密斯曲线示意图

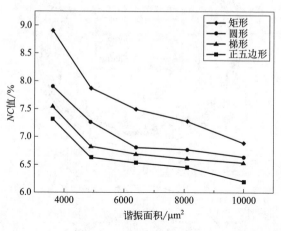

图 5.47　不同谐振面积的 NC 值

　　随着谐振面积的减小，史密斯阻抗曲线出现了更强的寄生谐振，NC 值随之增加，说明面积的减少使得声波传播路径减少，增强了横向杂散模式。当谐振面积为 $10000\mu m^2$ 时，各个电极形状 NC 值均降到最低，正五边形 NC 值最低为 6.19%，当谐振面积减少到 $3600\mu m^2$，电极形状为矩形时，性能恶化最为严重，NC 值为 8.91%；电极形状为五边形时，性能恶化程度最低，NC 值为 7.32%，与电极形状为矩形，谐振面积为 $8100\mu m^2$ 时的 NC 值相当。

5.5.4　不同变迹角的仿真分析

横向声波传播至电极边界时会反射多次，最终会返回至边界某一点。若声波传输路径中相同反射点的数量增加，则寄生谐振的强度也会随之增加。设计不规则电极形状能更大程度改善寄生谐振带来的性能恶化。因此，建立 FBAR 器件有限元模型时，将正五边形的一个内角定义为变迹角 α，研究变迹角 α 对 FBAR 寄生谐振的影响，如图 5.48 所示。谐振面积设置为 $3600\mu m^2$，α 分别设置为 $30°$、$36°$（正五边形）、$40°$ 和 $45°$。仿真得到的阻抗特性曲线、史密斯阻抗示意图和 NC 值如图 5.49 所示。

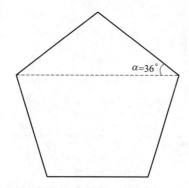

图 5.48　五边形变迹角示意图

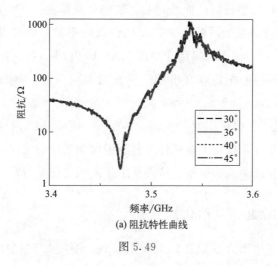

(a) 阻抗特性曲线

图 5.49

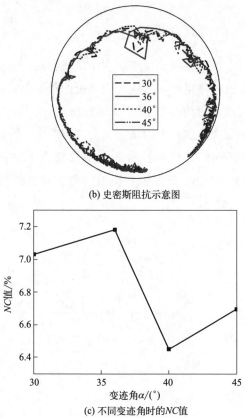

(b) 史密斯阻抗示意图

(c) 不同变迹角时的NC值

图 5.49　不同变迹角的仿真结果

由图 5.49(a) 的阻抗特性曲线可知，FBAR 器件的 f_s 和 f_p 均为 3.47GHz 和 3.54GHz，变迹角 α 的改变对 FBAR 的谐振频率的影响可以忽略，且阻抗特性曲线相较于 α 为 36°时更为平滑。由图 5.49(b) 和图 5.49(c) 可知，变迹角 α 改变时，FBAR 寄生谐振的强度出现了明显的衰减，寄生谐振的数量出现了上升。当 $\alpha = 40°$ 时 NC 值最低，为 6.45%，相较于正五边形（$\alpha = 36°$）降低了 10.18%，甚至优于谐振面积为 $10000\mu m^2$ 的 NC 值 6.89%；这说明，由于改变了电极形状的对称性，横向声波在传播过程中增加了反射路径，相同反射点的数量减少，降低了驻波形成的概率，从而使阻抗曲线更加平滑。

5.5.5　不同 FBAR 结构的仿真分析

确定了以正五边形为 FBAR 的电极形状后，下面对 FBAR 的空腔型和背刻蚀型进行建模分析，此两类结构的 FBAR 具备更优异的限制声波的能力，两类结构模型如图 5.50 和图 5.51 所示，各膜层的材料及厚度参考表 4.4 中串联 FBAR 的结构参数。背刻蚀型是在背面基底上通过深硅刻蚀的方式形成前后贯通的通道，背刻蚀深度为 $4\mu m$。空腔型 FBAR 的空腔位于谐振器的内部，可通过微机械加工中的湿法腐蚀等工艺形成空腔，空腔深度同样为 $4\mu m$。

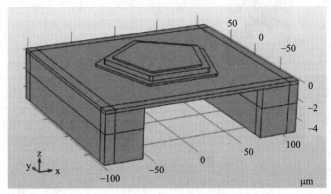

图 5.50　背刻蚀型 FBAR

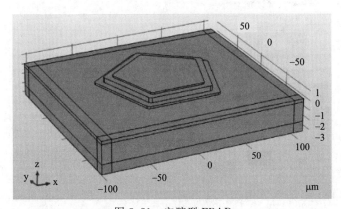

图 5.51　空腔型 FBAR

对两类结构模型进行材料的添加、物理场的设置、边界条件的设立与 PML 层的设定、采用"自由四面体网络"的方式划分网格，最后进行"频域"研究，得到图 5.52、图 5.53 所示的频率响应曲线和振动模态。

分析图 5.52 和图 5.53 可知，在各个膜层的结构参数以及电极形状都一致的情况下，背刻蚀型 FBAR 与空腔型 FBAR 的串、并联谐振频率是一样，串联谐振频率 $f_s = 3.468\text{GHz}$，并联谐振频率 $f_p = 3.541\text{GHz}$，计算可得其有效机电耦合系数为 $K_{\text{eff}}^2 = 5.09\%$，说明基底的结构并不会影响器件的谐振频率，声波只

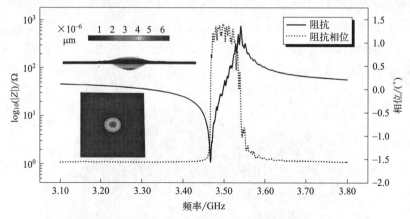

图 5.52　空腔型 FBAR 的频率响应曲线及振动模态

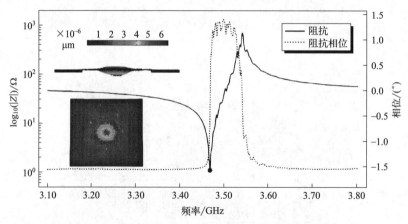

图 5.53　背刻蚀型 FBAR 的频率响应曲线及振动模态

会在 FBAR 的谐振器主体内部传输，遇到空气与电极层的交界面时，便会反射。

　　两类结构的 FBAR 在频率特性曲线上都存在不同程度的寄生谐振，频率特性和阻抗相位曲线上存在很多的寄生谐振，并且两条曲线上的寄生谐振均一一对应，这是由于横向兰姆波无法完全避免，并且三维的有限元仿真中会考虑材料的介质损耗，从而导致了寄生谐振的产生，而空腔型 FBAR 的寄生谐振严重一些，寄生谐振的幅度也更大。分析两种结构的振动位移图，振动位移均是由中间向四周扩散，可以看出空腔型 FBAR 的振动位移更加集中在空腔所对应的位置，而背刻蚀型则呈现"烟花状"的散射状。两类结构的 FBAR 均能达到预期的谐振频率，但同样各存在一些不足，综合考虑后期 MEMS 加工以及成品率问题，空腔型结构需要进行空腔的腐蚀与释放，工艺难度较大，成本较大。

5.6　FBAR 电极负载结构的优化设计

"变迹"技术虽然可以削弱 FBAR 器件中的寄生谐振强度，但也增加了寄生谐振的数量，从而导致了 Q 值的下降。另一方面，FBAR 器件通常需要高声阻抗的金属电极，以保证得到较高的 K_{eff}^2。但也意味着金属电极层存在高电阻率，这也是 FBAR 器件中的损耗来源之一，同时，机械位移的不均匀分布也会导致 Q 值的降低。

为了进一步抑制兰姆波导致的寄生谐振并提升 FBAR 的 Q 值，以固态装配型体声波谐振器的布拉格反射层设计为参照，根据布拉格反射原理，反射层由高阻抗层与低阻抗层的材料交替排列，声波在阻抗层之间的界面发生反射，从而将纵向声波限制在压电膜层内。基于此，现对一种新型阶梯负载电极结构（图 5.54）进行分析，在 FBAR 顶电极层周围设置双层不同高度的阶梯起到横向声学布拉格反射器的作用，以此通过高低阻抗层来达到反射横向兰姆波的目的。各个膜层的材料参数和厚度与前文一致，FBAR 横向尺寸设置为 $100\mu m$，为了简化 FBAR 的工艺制备流程，阶梯结构的膜层材料与顶电极相同。负载结构参数设置宽度 w 范围为 $0\sim2\mu m$，步长 $0.1\mu m$；高度 t 设置为 $0.10\mu m$、$0.15\mu m$ 和 $0.20\mu m$，仿真结果如图 5.55 所示。

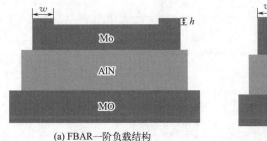
(a) FBAR一阶负载结构

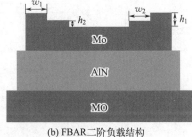
(b) FBAR二阶负载结构

图 5.54　FBAR 电极负载结构示意图

由图 5.55 可知，当负载结构的高度 h 或宽度 w 变化时，Q_{s} 整体趋于稳定，因为 Q_{s} 与电极的欧姆损耗有关，引入负载结构对其影响不大。当 h 变化时，FBAR 的 Q 值和 K_{eff}^2 变化幅度较小，表明横向声波的抑制作用主要与 w 有关。当 w 增大时，Q_{p} 呈现出先增加后降低的趋势，说明增加 w 能一定程度地抑制横向声波的泄漏，但不合理的设计会造成器件性能恶化。对比图 5.55

（a）、（b）和（c），$h = 0.15\mu\text{m}$，$w = 1.4\mu\text{m}$ 处，Q_p 最大为 1556，提升幅度达 16.21%，K_eff^2 为 4.88%，降低了 0.21%，设计的阶梯负载结构宽度 w 不能超过 $1.4\mu\text{m}$。因此，在器件的工艺制备中，负载结构的高度和宽度精确度是关键问题之一。

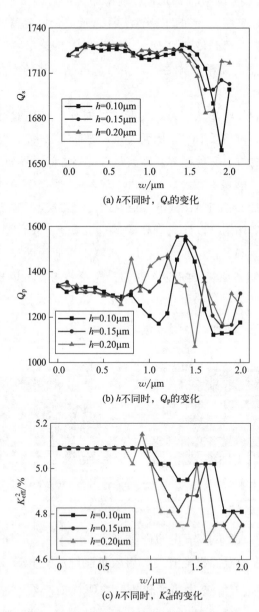

(a) h 不同时，Q_s 的变化

(b) h 不同时，Q_p 的变化

(c) h 不同时，K_eff^2 的变化

图 5.55　h 不同时对 w 参数化扫描仿真结果

在一阶负载结构的基础上，根据布拉格反射原理，进一步设计二级阶梯负载结构，通过设置双层不同高度的阶梯等效高低声阻抗层，设计的二阶负载结构如图 5.54(b) 所示，根据一阶负载的仿真结果，负载总宽度 w 设置为 $1.4\mu m$，二阶负载结构的参数定义为 $w_1 = 0.7\mu m$、$w_2 = 0.7\mu m$、$h_1 = 0.15\mu m$ 和 $h_2 = 0.30\mu m$。如图 5.56 所示，在 f_s 以上，双阶梯负载结构 FBAR 的相位曲线更加平滑，这表明双阶梯负载有效抑制了横向兰姆波的泄漏。

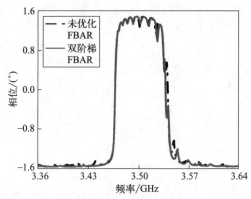

图 5.56　未优化 FBAR 与双阶梯负载 FBAR 相位曲线

仿真结果如表 5.3 所示，相较于无负载结构，二级阶梯负载 Q_p 提升了 18.7%，但 K_{eff}^2 从 5.09% 降到了 4.81%，可进一步优化压电层和顶电极的膜厚比来缓解该问题。

表 5.3　各类 FBAR 电极结构性能

电极结构	Q_s	Q_p	$K_{eff}^2/\%$	f_s/GHz	f_p/GHz
无负载	1722	1339	5.09	3.468	3.541
单阶梯负载	1726	1559	4.88	3.468	3.538
二级阶梯负载	1726	1591	4.81	3.468	3.537

如图 5.57 所示，随着 FBAR 电极横向尺寸的减小，Q_s 和 f_s 始终趋于稳定，而 Q_p 和 f_p 呈周期性波动，Q_p 有下降的趋势。主要是因为尺寸减小时，横向声波的泄漏成了主要的损耗机制，造成了 Q_p 总体降低。然而不同的电极横向尺寸对波长的抑制能力不同，当电极横线尺寸接近半波长的整数倍时，声波发生全反射，此时器件能量损耗较少，随着电极横向尺寸的变化，横向反射的能量损失就会出现周期性的变化，这也会导致 Q_p 和 f_p 出现周期性波动。如图 5.57(a)

所示，二阶电极负载结构的 Q_p 整体比无负载结构的高，当电极横向尺寸为 $60\mu m$ 时，二阶电极负载结构 Q_p 为 1378，高于无电极负载结构 10.07%，也高于无负载电极结构横向尺寸 $100\mu m$ 时的 Q_p 值 1339。仿真结果充分表明，二阶电极负载结构对横向声波泄漏的抑制是有效的，能够较大幅度地提高 FBAR 器件的 Q 值。

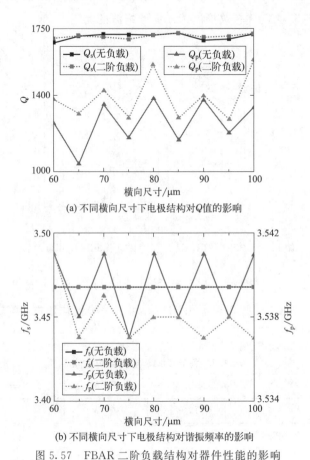

图 5.57　FBAR 二阶负载结构对器件性能的影响

5.7　压电薄膜层的损耗提取及电学模型的改进

在对 FBAR 建立有限元模型进行分析时，考虑了压电薄膜层的损耗，主要包括机械损耗以及介电损耗，而在一维的电学 Mason 模型中是未考虑此类损耗值的，电学模型中只对压电薄膜层和各个普通声学层的声学损耗进行了设置。因此，为了提高后期滤波器设计中模型的精确化程度，需要将压电薄膜层的机械损耗与介电损耗提取出来加入到一维电学 Mason 模型中。此处以背刻蚀型 FBAR 的有限元模拟结果进行提取损耗参数[85-87]。

第一步：提取静态电容 C_0，在 FBAR 的串、并联谐振频率点的两侧远端各取八个频率点，分别找出各个频率点 f_i 处的阻抗曲线 Z 的虚部 Z_i，求出各个频率点处 C_i 的值，将 16 个 C_i 值求平均，得到静态电容 C_0。

$$C_0 = \sum \frac{1}{2\pi f_i Z_i} = 1.01\text{pF} \tag{5-25}$$

第二步：动态电容的计算，由三维模型实验结果可知，串联谐振频率 f_s 为 3.468GHz，并联谐振频率 f_p 为 3.541GHz。

$$C_m = \left[\left(\frac{f_p}{f_s}\right)^2 - 1\right] \times C_0 = 0.043\text{pF} \tag{5-26}$$

第三步：动态电感的计算。

$$L_m = \frac{1}{(2\pi f_s)^2 \times C_m} = 49\text{nH} \tag{5-27}$$

第四步：串、并联谐振频率点处的品质因子 Q_s、Q_p。

$$Q_{s,p} = \frac{f}{2}\left|\frac{\mathrm{d}\angle Z}{\mathrm{d}f}\right|_{f=f_s,f_p} \tag{5-28}$$

式中，根据阻抗相位与频率的微分，分别得到 $Q_s = 1054.45$，$Q_p = 576.30$。

第五步：压电薄膜层的机械损耗 R_m，由于在 COMSOL 的仿真中，未考虑电极及引线的损耗，所以 $R_s = 0$。结合前面所得到的 L_m 与 Q_s 可得：

$$R_m + R_s = \frac{2\pi f_s L_m}{Q_s} = 1.01\Omega \tag{5-29}$$

第六步：压电薄膜层的介电损耗 R_0。根据前面所得的 Q_p、C_0 等参数可得：

$$R_0 = \frac{1}{2\pi f_p Q_p C_0} = 0.077\Omega \tag{5-30}$$

通过上述过程所得到的压电薄膜层机械损耗和介电损耗将进一步地改进 FBAR 的一维电学 Mason 模型，优化之后的模型能进一步精确地模拟 FBAR 的谐振特性，改进后的一维电学模型的压电层部分如图 5.58 所示。

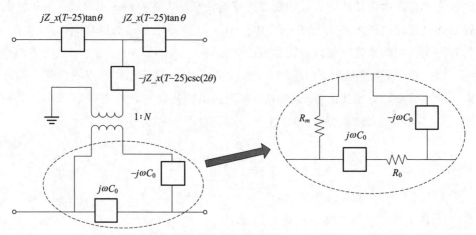

图 5.58　考虑压电层损耗的 Mason 模型

第6章　基于FBAR的微声压电薄膜滤波器设计

为了满足 5G 通信射频前端对滤波器的要求,本章将进行 3.40～3.60GHz 频段内的 FBAR 滤波器设计。单只的 FBAR 谐振器不具有滤波功能,但将多只 FBAR 单元按照一定的拓扑结构进行相连,可以实现相应的滤波功能。基于前文中优化的 Mason 模型建立不同结构的滤波器电路结构,从滤波器的级联方式、串并联 FBAR 的有效谐振面积比、滤波器的级联阶数等方面进行研究,在射频仿真软件中进行滤波器性能的优化,得到 FBAR 滤波器的性能满足各项设计指标。最后分别设计了 FBAR 谐振单元以及 FBAR 滤波器在线测试模块的版图。

6.1 微声压电薄膜滤波器的设计指标

本次设计的 FBAR 滤波器针对 5G 通信应用场景,选取了 3.40～3.60GHz 频段,即 N78 频段,该频段属于 5G 中频段,能支持更多的连接数,也有更快的传输速率,能够满足目前对于高效通信、快速传输数据的需求。滤波器常见的设计指标主要包括:中心频率、带宽、带内插损、带内纹波、带外抑制。中心频率是通带中间位置的频率;带宽是 3dB 衰减处的上下频率之差;带内插损用于表征滤波器在通带内电路损失的信号功率;带内纹波是指带内信号的平坦度;带外抑制是指通带外对信号的抑制能力,这些指标的具体含义已在第 2 章中给出详细的介绍,最后结合研究背景,给出具体的设计指标如表 6.1 所示。

表 6.1 FBAR 滤波器的设计指标

性能指标	设计目标
中心频率	3.40～3.60GHz
带宽	>100MHz
插入损耗	优于 1.5dB
带内波纹	<1.5dB
带外抑制	>40dB
|TCF|	$<10\times10^{-6}/℃$

6.2 FBAR 滤波器的结构研究与分析

在射频仿真软件 ADS 中,利用其中的"symbol"元件优化的 Mason 模型打包为一个二端口的 symbol 元件,如图 6.1 所示。各膜层的厚度以及谐振面积可以直接在 symbol 元件的下方进行调节。利用该元件搭建 FBAR 滤波器电路，进行后续的研究与分析。

图 6.1　FBAR 的 symbol 模型

6.2.1　滤波器的级联方式影响分析

常见的 FBAR 滤波器为梯形拓扑结构，梯形中又包含 L 形、π 形、T 形，如图 6.2 所示，其中黑色的是并联 FBAR，白色的是串联 FBAR，一个串联 FBAR 与一个并联 FBAR 构成的滤波器称为一阶滤波器，图中均为一阶级联结构，且各只串、并联 FBAR 单元的各膜层参数指标均一致，参照表 4.4 进行设置。

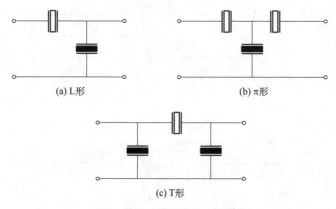

图 6.2　常见的梯形滤波器结构

在 ADS 中，基于 FBAR 中生成的 symbol 模型，搭建上述三种滤波器，进行 S 参数的扫描，设置 $2.80 \sim 4.00\text{GHz}$ 的扫频范围进行实验，可以得到如

图 6.3 所示的结果，用 S_{21} 参数曲线表征滤波器的性能指标。

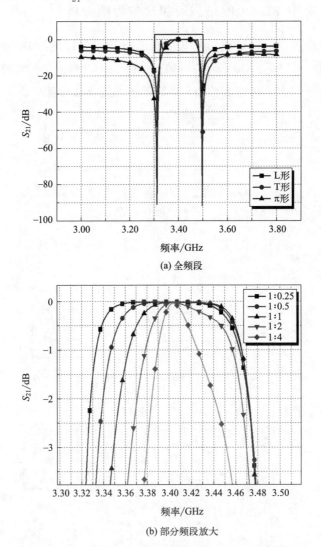

(a) 全频段

(b) 部分频段放大

图 6.3 FBAR 滤波器在不同级联方式下的性能响应

由图 6.3 分析可知：π 形结构在滤波器的左侧零点表现出的带外抑制能力最强，这是因为 π 形结构并联了一个 FBAR 单元，使得滤波器通带之外存在信号的分流现象，进而提升了滤波器自身的带外抑制能力，但 π 形的带内性能恶化严重，L 形和 T 形的带内性能则相差不大。

6.2.2　串、并联 FBAR 的谐振面积比的影响分析

由第 3 章已知，谐振面积的改变不会影响 FBAR 的谐振频率，那么本节研究滤波器中串、并联 FBAR 单元的有效谐振面积比对滤波器的性能产生的影响。采用一阶 L 形级联方式进行实验，FBAR 的各结构参数设置如表 4.4 所示且将串联 FBAR 的有效谐振面积设置为 $10000\mu m^2$，依次设置串、并联谐振面积比为 1∶0.25、1∶0.5、1∶1、1∶2、1∶4，实验结果如图 6.4 所示。

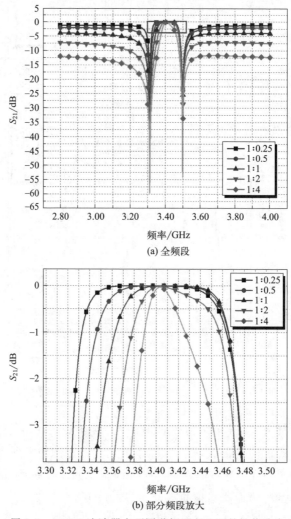

(a) 全频段

(b) 部分频段放大

图 6.4　FBAR 滤波器在不同谐振面积比下的性能响应

由图 6.4 分析可知：随着串、并联 FBAR 谐振面积比的逐渐增大，FBAR 滤波器的带外抑制逐渐增大，带内性能逐渐恶化，带宽逐渐减少。串并联的面积比的改变，对 FBAR 滤波器带外抑制和带宽的影响可以用静态电容的公式进行解释：增大并/串联面积比，意味着增大了并联臂与串联臂的静态电容比，串联支路阻抗会增大，而并联支路阻抗则减小，这样就改善了带外抑制，使得带宽减小。因此在设计 L 形 FBAR 滤波器时，串、并联 FBAR 单元的有效谐振面积比的设置十分重要，通过微调有效谐振面积比可以改进器件的带外抑制能力。

6.2.3　滤波器的级联阶数的影响分析

前文中研究了不同的级联方式会对滤波器的性能产生影响，另外随着级联阶数的增加，器件的带外抑制能力也会相应增强。那么本节将探究滤波器的级联阶数对带内外性能的影响。一个串联 FBAR 单元和一个并联 FBAR 单元级联为一阶，如图 6.2(a) 所示，高阶数则以此类推。本节以 L 形结构的滤波器为例，对一阶至六阶结构进行了实验，得到滤波器的频率响应曲线如图 6.5 所示。

分析图 6.5 可知：随着 FBAR 滤波器的级联阶数增加，FBAR 滤波器的中心频率未出现明显的影响，但带外抑制能力加强，带内性能出现恶化，带内插入损耗增大，带内纹波也在恶化，整体而言，随着阶数的增加，带外抑制能力增强的速度要大于带内性能恶化的速度。因此当对 FBAR 滤波器的带内性能要求不高时，可以通过级联阶数的增大改善 FBAR 滤波器的带外抑制。

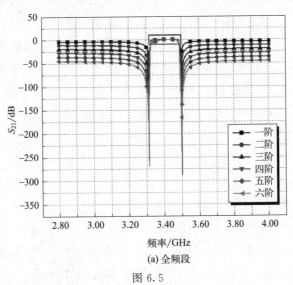

(a) 全频段

图 6.5

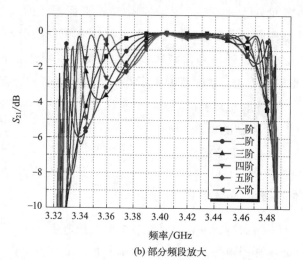

(b) 部分频段放大

图 6.5　FBAR 滤波器在不同级联阶数下的性能响应

6.3　FBAR 滤波器的性能优化

　　上一节中，分别对 FBAR 滤波器的级联方式、串并联 FBAR 单元的谐振面积比以及级联阶数展开了实验研究，也对出现的结果进行了分析，图 6.6 给出了 FBAR 滤波器性能优化的流程。

　　针对前文的分析，结合图 6.6 的性能优化流程，利用 ADS 软件进行多次的实验，分别以二阶、四阶、六阶、七阶 L 形滤波器进行设计，最终选用六阶 L 形和一阶 π 形组合构建滤波器进行实验，该结构的滤波器在带外性能、中心频率以及带宽等方面能初步满足设计需求。滤波器设计结构如图 6.7 所示，其中 $Si(i=1\sim7)$ 代表串联 FBAR 单元，$Pj(j=1\sim7)$ 代表并联 FBAR 单元。

　　其中六阶 L 形和一阶 π 形组合构建的 FBAR 滤波器，串、并联 FBAR 单元的膜层参数先根据表 4.4 进行设定，在 ADS 中建立完整结构，设置 S 参数实验，进行扫频后得到曲线如图 6.8 所示，用 S_{21} 参数曲线来表征滤波器的性能指标。

　　由图 6.8 分析可知，在六阶 L 形和一阶 π 形组合的 FBAR 滤波器结构的性能参数中，中心频率为 3.52GHz，3dB 带宽为 120MHz，插入损耗为 3.70dB，带内纹波为 2.75dB，带外抑制大于 60dB，对该结构进行温度测试后，计算得到 | TCF | 为 $11.07\times10^{-6}/℃$。此时 FBAR 滤波器的带外抑制、中心频率、通带

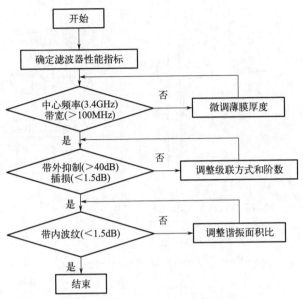

图 6.6　FBAR 滤波器性能优化流程

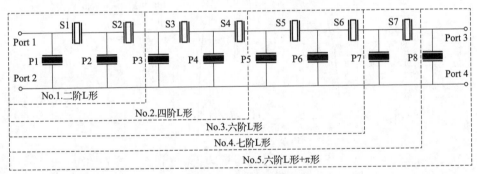

图 6.7　FBAR 滤波器结构

范围及带宽都满足了设计要求，但是滤波器的带内性能以及温度系数均未达到设计要求，需要进一步改进。

　　根据上一节的研究结论，针对带内性能的优化可以通过调整级联方式、谐振面积比、级联阶数来进行。由于此时滤波器的级联方式和阶数已经确定，因此接下来先针对各个 FBAR 单元的谐振面积进行第一次优化。利用射频模拟软件 ADS 中的"优化"部件进行参数改进，各个 FBAR 单元的初始谐振面积均为 $10000\mu m^2$，优化的迭代次数设置为 100，优化对象选择为各个 FBAR 的谐振面积，谐振面积的优化范围值定为 $1000\sim10000\mu m^2$。在限制条件内进行优化，进

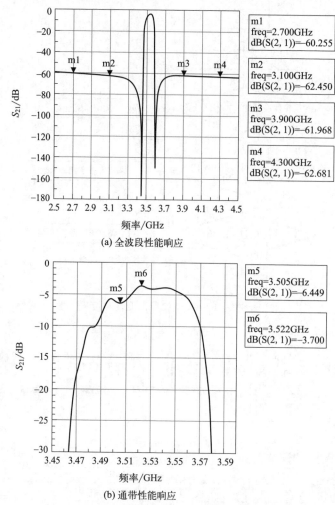

(a) 全波段性能响应

(b) 通带性能响应

图 6.8　6 阶 L 形和 1 阶 π 形组合 FBAR 滤波器性能响应

一步逼近设计指标。设置相应的优化限制条件如表 6.2 所示，第一次优化后，FBAR 滤波器的 S 参数曲线如图 6.9 所示。

表 6.2　优化限制条件

序号	类型	最小值	最大值	起始频率	终止频率
1	>	−20	/	3.452GHz	3.562GHz
2	<	/	−40	2.500GHz	3.448GHz
3	<	/	−40	3.565GHz	4.500GHz

分析第一次优化后的实验结果，如图 6.9 所示可以看出，此时 FBAR 滤波

器的通带控制在 3.40～3.60GHz 之间，带外抑制大于 40dB，带内插入损耗已经
控制在 1.5dB 以内，但是带内纹波仍然存在缺陷，需要对器件的参数进行进一
步的调整与优化。

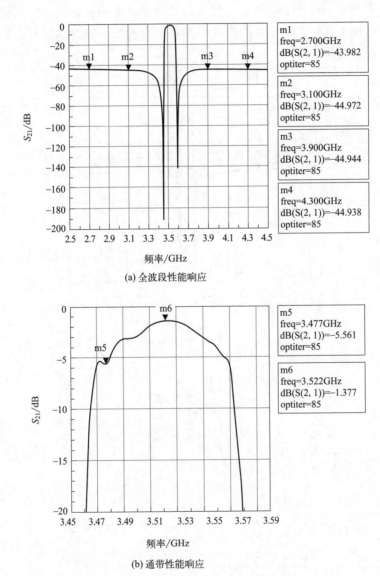

图 6.9　FBAR 滤波器第一次优化后性能响应

　　第二次优化在第一次优化限制的条件下，将继续调整电极层的厚度，由于膜
层厚度的调整会直接影响器件谐振频率的变化。因此把膜层厚度作为优化对象

时，应谨慎设置优化范围，只需进行微量调整，在顶电极和底电极原始厚度的基础上，将调整范围设置为±0.005μm。优化后曲线如图 6.10 所示，图中结合了二阶 L 形、四阶 L 形、六阶 L 形、七阶 L 形、六阶 L 形和一阶 π 形的组合型，以及六阶 L 形和一阶 π 形的组合型优化后的最终性能响应曲线。将谐振面积即电极层厚度优化后的 FBAR 滤波器在带内性能方面有了显著的提升，带外性能也能满足设计指标。

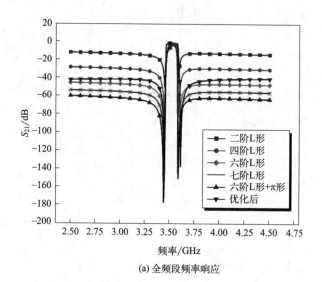

(a) 全频段频率响应

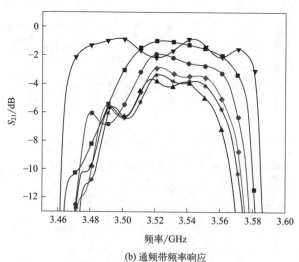

(b) 通频带频率响应

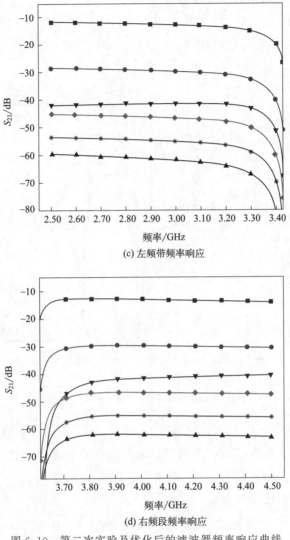

(c) 左频带频率响应

(d) 右频段频率响应

图 6.10　第二次实验及优化后的滤波器频率响应曲线

　　经过两轮的优化操作，分别对 FBAR 单元的谐振面积以及电极厚度进行了改善，优化后的六阶 L 形和一阶 π 形结构如图 6.10 三角形标识的曲线所示。FBAR 滤波器的中心频率依然控制在 3.40 ～ 3.60GHz 范围内，具体为 3.52GHz，插入损耗也控制在 1.5dB 以内，具体值为 -0.867dB，3dB 带宽达到了 115MHz，带内纹波也控制在 1.5dB 以内，具体值为 1.32dB，相比较于优化前，滤波器的带外抑制从 -60dB 优化到了 -41dB 左右，但仍然满足小于 -40dB，这是为了让滤波器的插入损耗得到优化，但是牺牲了其带外抑制能力，相当于将整个滤波器响应曲线整体向上移动。

对优化后的滤波器进行了温度实验，并在 $25 \sim 125℃$ 温度区间内进行了测试。得到的滤波器的 S_{21} 参数曲线如图 6.11 所示。由式 (4-8) 可得优化后滤波器的 TCF 为 $7.09 \times 10^{-6}/℃$。

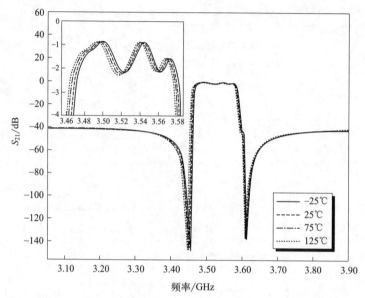

图 6.11　优化后的 FBAR 滤波器在不同温度下的性能曲线

设计的六阶 L 形和一阶 π 形组合的 FBAR 滤波器的性能满足了设计指标，并且在插入损耗、带内纹波以及温度系数方面有着显著的优势，插入损耗仅有 $-0.868dB$，带内纹波为 1.32dB，温度系数为 $7.09 \times 10^{-6}/℃$。与其他研究人员的设计与测试结果比较如表 6.3 所示。

表 6.3　本设计与其他研究成果的对比

性能指标	文献[36]	文献[38]	文献[88]	文献[89]	文献[90]	本设计
中心频率/GHz	5.5	3.35	3.50	2.60	2.28	3.52
带宽/MHz	111	105	200	100	95	115
插入损耗/dB	-2.19	-2	-1.73	-2	<-2	-0.87
带内纹波/dB	>2	—	—	—	1.11	1.32
带外抑制/dB	—	<-35	—	<-42	-40	<-41
$\lvert TCF \rvert/(\times 10^{-6}/℃)$	—	—	—	—	11	7.09

第7章　FBAR滤波器的加工版图及工艺

在前文中已经完成了对 FBAR 单元和 FBAR 滤波器的设计，确定了各个 FBAR 的膜层材料、厚度，结构的形状与尺寸，滤波器的结构等，那么本节将基于 L-edit 绘制出各膜层的版图以及各膜层版图的对位标记，为后期的 MEMS 加工做好准备。

L-edit 是 Tanner Tools 的定制版图绘制工具，具有功能强、速度快、操作界面友好等优点，它的界面放大、缩小以及文件的存取速度都比其他的版图绘制软件快得多。该软件对于掩膜版的层数、单元数的处理没有限制，可根据实际的器件进行层数的定义与设计，输入输出有三种文件格式，分别是 TDB、GDSII、GIF[91]。正是由于这些优势，现选择 L-edit 进行 FBAR 单元与滤波器的版图设计。

7.1　FBAR 单元版图绘制

FBAR 单元主要的膜层从下至上，主要包括温补层、底电极层、压电层、顶电极层，可得到完整的版图如图 7.1 所示，图 7.2、图 7.3、图 7.4、图 7.5 分别是 FBAR 单元的温度补偿层、底电极层、压电层、顶电极层的版图。

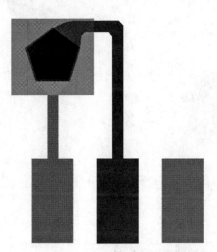

图 7.1　FBAR 单元的版图设计

在 FBAR 单元的版图设计中，温补层的尺寸最大为 $200\mu m \times 180\mu m$，底电极、压电层、顶电极的版图尺寸逐层递减，保证在实际的加工中，顶电极和底电极不会连接，导致器件短路现象的发生。后期便于在线测试，设计了三个大小为 $100\mu m \times 250\mu m$ 的焊盘，焊盘设计的尺寸比常规的尺寸略大，便于后期的接线以及封装，每个焊盘间的间距为 $60\mu m$，三个焊盘分别用于接输入引线、输出引线、接地引线，引线的宽度为 $30\mu m$，中间蓝色的是信号输入端、左侧紫色的是信号输出端、右侧紫色的是接地端，将焊盘设置为长方形，便于后期探针的连接。

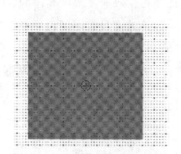

图 7.2　FBAR 单元的温补层版图

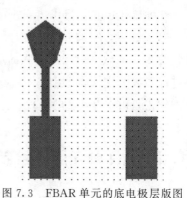

图 7.3　FBAR 单元的底电极层版图

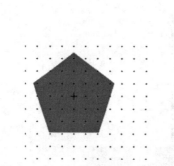

图 7.4　FBAR 单元的压电层版图

图 7.5　FBAR 单元的顶电极层版图

7.2　FBAR 滤波器版图绘制

根据前文中对 FBAR 滤波器结构进行的实验，确定了 FBAR 滤波器六阶 L 形和一阶 π 形的组合式结构，结合两次优化后得到的 FBAR 滤波器各个谐振单元的尺寸进行滤波器版图的绘制，在滤波器的版图设计中主要是对底电极、压电层以及顶电极层的版图进行绘制。

FBAR 滤波器的版图如图 7.6 所示，滤波器版图尺寸为 $600\mu m \times 700\mu m$，在设计过程中，考虑到 FBAR 滤波器微型化的要求，将六阶 L 形和一阶 π 形组合的 FBAR 滤波器结构设计成如图 7.6 所示。图 7.7、图 7.8、图 7.9 分别是 FBAR 滤波器的底电极层、压电层、顶电极层的版图。温度补偿层的设立将采用在硅片上全区域生长 SiO_2，背刻蚀部分则是在 FBAR 滤波器背面整体进行刻蚀。因此在本处未对温补层以及刻蚀区域的版图进行详细设计。

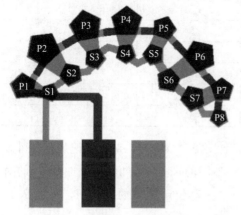

图 7.6　FBAR 滤波器版图

图 7.7　FBAR 滤波器底电极层版图

图 7.8　FBAR 滤波器压电层版图

图 7.9　FBAR 滤波器顶电极层版图

各个谐振单元的尺寸大小直接影响器件的性能，厚度值的控制需要在加工时精准地调整工艺参数。每只 FBAR 单元谐振面积的大小都会影响 FBAR 滤波器的带内性能，因此在版图绘制过程中，应控制各个 FBAR 单元顶电极层的面积，确保每个单元的谐振面积均能达到设计值。每个 FBAR 的谐振面积已经经过前期的两次优化，具体值如表 7.1 所示。

表 7.1　FBAR 滤波器中顶电极的面积

编号	并联 FBAR 单元谐振面积值/μm^2	编号	串联 FBAR 单元谐振面积值/μm^2
P1	1398.80	S1	3336.26
P2	2610.50	S2	6128.23
P3	2055.72	S3	5433.62
P4	1663.25	S4	4976.98
P5	2198.76	S5	2831.99
P6	2737.62	S6	5314.51
P7	3120.97	S7	2676.15
P8	1437.03	/	/

在设计版图中，另外还需要在每一层上设置对位标记，对位标记的存在可以保证 FBAR 单元及滤波器在加工过程中，各层的堆叠不会出错，本书设计的对位标记为"＋"形，在每一层的版图中，"＋"位于版图的四个角，如图 7.10 所示。

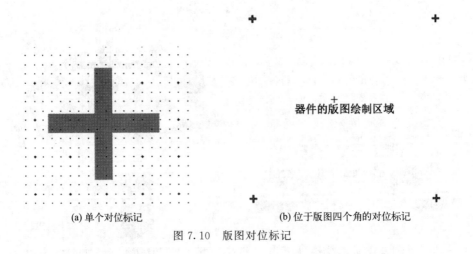

(a) 单个对位标记　　　　　　　　(b) 位于版图四个角的对位标记

图 7.10　版图对位标记

7.3　薄膜制备工艺

通过前期的建模与设计，确定了 FBAR 单元及滤波器的结构参数，并且结合设计指标，最后确定了 FBAR 滤波器的材料、各膜层厚度以及谐振面积等关键参数指标。由于 FBAR 是由多层薄膜堆叠起来的，各膜层的状态会直接影响器件的性能，因此本章节对薄膜的制备工艺进行介绍。

FBAR 制备过程中涉及的关键工艺主要包括：薄膜的沉积、光刻、图形化处理和器件的刻蚀。涉及的 MEMS 工艺中，光刻是其中最重要的一步，也是目前我国工艺难度最大的一点。光刻的原理是在基底表面覆盖一层高度光敏感性光刻胶，利用紫外光、深紫外光、极紫外光等光线透过掩膜板，使得掩膜板曝光。再通过一些特定的溶剂洗去未被照射的光刻层涂胶，从而将相应的图形转移到基层板上。

对于本文所设计的 FBAR 单元，需要进行五次光刻技术的操作，分别是温补层光刻图形化、底电极层光刻图形化、压电层光刻图形化、顶电极层光刻图形化以及基底背刻蚀部分光刻图形化，将光刻胶覆盖在各层结构上进行曝光并显影，曝光显影后能形成图形化的 FBAR 各层结构。目前可供使用的有步进式光刻机（图 7.11）以及紫外光固胶机（图 7.12）。

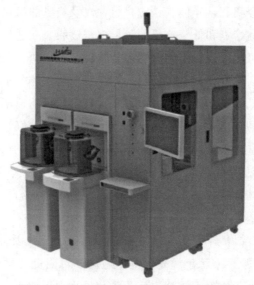

图 7.11　海思 HAIS860 步进式投影光刻机

在 AlN 薄膜的制备过程中，由于 AlN 压电薄膜材料有多晶和单晶的区别，多晶 AlN 薄膜的纵波声速较低且损耗值较大，因此在制备 FBAR 器件时，选用单晶 AlN 材料作为压电材料。磁控溅射作为一种使用最广泛的薄膜制备工艺，该方法可以在任何基底材料上沉积薄膜。磁控溅射技术得以广泛地应用，是由该

图 7.12　北方华创 UVC Series 紫外线固化炉

技术有别于其他镀膜方法的特点所决定的。可制备成靶材的各种材料均可作为薄膜材料，包括各种金属、半导体、铁磁材料，以及绝缘的氧化物陶瓷以及聚合物等物质，尤其适合高熔点和低蒸汽压的材料沉积镀膜，在适当条件下，通过多元靶材共溅射方式，可以沉积所需组分的混合物、化合物薄膜；在溅射的放电气中加入氧、氮或其他活性气体，可沉积形成靶材物质与气体分子的化合物薄膜；控制真空室中的气压、溅射功率，基本上可获得稳定的沉积速率，通过精确地控制溅射镀膜时间，容易获得均匀的高精度的膜厚，且重复性好；溅射粒子几乎不受重力影响，靶材与基片位置可自由安排；基片与膜的附着强度是一般蒸镀膜的10倍以上，且由于溅射粒子带有高能量，在成膜面会继续表面扩散而得到硬且致密的薄膜，同时高能量使基片只要较低的温度即可得到结晶膜；薄膜形成初期成核密度高，故可生产厚度 10nm 以下的极薄连续膜。

　　磁控溅射技术属于辉光放电的领域，利用阴极溅射原理进行镀膜，如图 7.13 所示。膜层粒子来源于辉光放电中氩离子对阴极靶材产生的阴极溅射作用。氩离子将靶材原子溅射下来后，沉积到元件表面形成所需膜层。磁控原理就是采用正交电磁场的特殊分布控制电场中的电子运动轨迹，使得电子在正交电磁场中变成了摆线运动，因而大大增加了与气体分子碰撞的概率。

　　化学气相沉积法也是一种薄膜制备工艺，化学气相沉积技术是应用气态物质在固体上产生化学反应和传输反应等并产生固态沉积物的一种工艺，大致可以分为三步：首先是形成挥发性物质，其次是将上述物质转移到沉积区域，最后是在

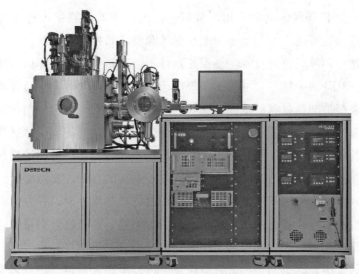

图 7.13　德仪科技 DE600DL 纳米膜层磁控溅射系统

固体上产生化学反应并产生固态物质，从而实现薄膜的沉积。化学气相沉积的工艺技术相对简单些、不需高真空条件、便于制备复合产物，且工作环境适用性强，低压常压或次常压下均可。北方华创 EPEE i200 等离子体增强化学气相沉淀系统如图 7.14 所示。

图 7.14　北方华创 EPEE i200 等离子体增强化学气相沉积系统

由于 FBAR 器件的结构采用了背刻蚀，因此在对各膜层进行制备后，需要对器件的背面进行挖空，主要分为干法刻蚀和湿法腐蚀两种方法。干法刻蚀是用等离子体进行薄膜刻蚀的技术，能保证器件不受到污染。当气体以等离子体形式存在时，它具备两个特点：一方面，等离子体中的这些气体化学活性比常态下要强很多，根据被刻蚀材料的不同，选择合适的气体，就可以更快地与材料进行反应，实现刻蚀去除的目的；另一方面，还可以利用电场对等离子体进行引导和加速，使其具备一定能量，当其轰击被刻蚀物的表面时，会将被刻蚀物材料的原子击出，从而达到利用物理上的能量转移来实现刻蚀的目的。湿法腐蚀的化学反应属于液相（溶液）与固相（薄膜）的反应。进行湿法腐蚀时，首先，溶液里的反应物利用扩散效应来通过一层厚度相当薄的边界层，到达被蚀刻薄膜的表面。然后，这些反应物与薄膜表面的分子产生化学反应，并生成各种生成物。这些位于薄膜表面的生成物，也利用扩散效应而通过边界层进入溶液，而后随着溶液被排出。北方华创 NMC 508C/G 多晶硅刻蚀机如图 7.15 所示。

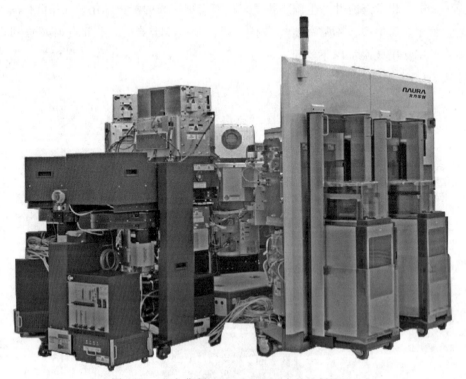

图 7.15　北方华创 NMC 508C/G 多晶硅刻蚀机

参考文献

[1] 彭小平. 第一代到第五代移动通信的演进 [J]. 中国新通信, 2007(4): 90-92.

[2] 李碧连, 马芳草, 王梦瑶, 等. 移动通信系统发展及关键技术研究 [J]. 山西电子技术, 2021(5): 92-96.

[3] 吴秀山. 频率综合器的集成电路设计与应用 [M]. 北京: 化学工业出版社, 2022.

[4] 马会琳, 刘超, 杨海龙. 浅谈移动通信发展历程和 TD-LTE 演进 [J]. 数字技术与应用, 2020, 38 (5): 31-32.

[5] RAPPAPORT T S, SUN S, MAYZUS R, et al. Millimeter wave mobile communications for 5G cellular: It will work! [J]. IEEE Access, 2013, 1: 335-349.

[6] STONEY R, GERAGHTY D, O'DONNELL G. E. Characterization of differentially measured strain using passive wireless surface acoustic wave (SAW) strain sensors [J]. IEEE sensors journal, 2014, 14(3): 722-728.

[7] OSSEIRAN A, BOCCARDI F, BRAUN V, et al. Scenarios for 5G mobile and wireless communications: the vision of the METIS project [J]. IEEE Communications Magazine, 2014, 52(5): 26-35.

[8] YOLE DEVELOPMENT. Industry Analysis: A large inventory of domestic RF chip companies [EB/OL]. http://www.yole.fr/.

[9] 蒋婷. BMT 基微波陶瓷改性及在滤波器的应用研究 [D]. 成都: 电子科技大学, 2022.

[10] AGOSTINI M, GRECO G, CECCHINI M. A rayleigh surface acoustic wave (R-SAW) resonator biosensor based on positive and negative reflectors with sub-nanomolar limit of detection [J]. Sensors Actuators B Chemical, 2018, 254: 1-7.

[11] KIM E, CHOI Y. K, SONG J, et al. Detection of various self-assembled monolayers by AlN-based film bulk acoustic resonator [J]. Materials Research Bulletin, 2013, 48(12): 5076-5079.

[12] JIA Y. Q, LI L, LI H. J, et al. Development of S-Band Temperature-Compensated Narrow-Band FBAR Filter [J]. Semiconductor Technology, 2017, 42(7): 493-498.

[13] ZHAO S. H, DONG S. R, ZHANG H. J, et al. Modeling of RF filter component based on film bulk acoustic resonator [J]. IEEE Transactions on Consumer Electronics, 2019, 55(2): 351-355.

[14] NEWELL W E. Face-mounted Piezoelectric Resonators [J]. Proceedings of the IEEE, 1965, 53 (6): 575-581.

[15] SLIKER T R, ROBERTS D A. A thin-film CdS-Quartz composite resonator [J]. Journal of Applied

physics, 1967, 38(5): 2350-2358.

[16] LAKIN K M, WANG J S. Acoustic bulk wave composite resonators [J]. Journal of Applied physics letters, 1981, 38(3): 125-127.

[17] FELD D, BRADLEY P. A Wafer Level Encapsulated FBAR Chip Molded into a 2.0mm × 1.6mm Plastic Package for Use as a PCS Full Band Tx Filter [C]. IEEE Ultrasonics Symposium, 2003, 1798-1801.

[18] 金浩. 薄膜体声波谐振器(FBAR)技术的若干问题研究 [D]. 杭州: 浙江大学, 2006.

[19] PANG W, YU H, ZHANG H, et al. Electrically tunable and temperature compensated FBAR [J]. IEEE MTT-S International Microwave Symposium Digest, 2005, 1279-1282.

[20] YOKOYAMA T, HARA M, UEDA M, et al. K-band ladder filters employing air-gap type thin film bulk acoustic resonators [C]. Proceedings of the IEEE Ultrasonics Symposium, Beijing, 2008, 598-601.

[21] HARA M, YOKOYAMA T, SAKASHITA T, et al. A study of the thin film bulk acoustic resonator filters in several ten GHz band [J]. Ultrasonics Symposium, 2010, 851-854.

[22] BARON T, LEBRASSEUR E, BASSIGNOT F, et al. Wideband lithium niobate FBAR filters [J]. International Journal of Microwave Science and Technology, 2013, 2013(5): 459767.

[23] MISHIN S, GUTKIN M. Effect of substrate material and electrode surface preparation on stress and piezoelectric properties of aluminum nitride [C]. Proceedings of the IEEE International Frequency Control Symposium and Exposition, 2011, 475-477.

[24] 李丽, 郑升灵, 王胜福, 等. 高性能 AlN 薄膜体声波谐振器的研究 [J]. 半导体器件, 2013, 38(6): 448-452.

[25] LIU W, WANG J, YU Y, et al. Tuning the resonant frequency of resonators using molecular surface self-assembly approach [J]. ACS Applied Materials and Interfaces, 2015, 7(1): 950-958.

[26] 高杨, 赵坤丽, 韩超. S 波段窄带带通体声波滤波器设计 [J]. 强激光与粒子束, 2017, 29(11): 1-7.

[27] 赵洪元, 夏燕, 王亚宁. 基于 FBAR 技术的 S 波段低插损滤波器 [J]. 固体电子学研究与进展, 2019, 39(4): 297-305.

[28] HODGE M D, VETURY R, GIBB S R, et al. High rejection UNII 5. 2GHz wideband bulk acoustic wave filters using undoped single crystal AlN-on-SiC resonators [C]. IEDM 2018, 1-4.

[29] KUMAR Y, RANGRA K, AGARWAL R. Design and Simulation of FBAR for Quality Factor Enhancement [J]. Mapan-Journal of Metrology Society of India, 2017, 32(2): 113-119.

[30] XU L, WU X, SHI G, et al. Analysis and Research of Piezoelectric Thin Film Bulk Acoustic Filter [C]. 2022 4th International Conference on Intelligent Control, Measurement and Signal Processing (ICMSP), 2022: 26-29.

[31] NOR N I M, HASNI A H M, KHALID N, et al. Carbon nanotube as electrode in film bulk acoustic wave resonator for improved performance [C]. AIP Conference Proceedings, 2020,

2203: 1-7.

[32] JIANG Y, ZHAO Y, ZHANG L, et al. Flexible Film Bulk Acoustic Wave Filters toward Radio-frequency Wireless Communication [J] . SMALL, 2018, 14(20): 1-5.

[33] ZHOU C J, SHU Y, YANG Y, et al. Flexible structured high-frequency film bulk acoustic resonator for flexible wireless electronics [J] . Journal of Micromechanics and Microengineering, IOP Publishing, 2015, 25(5): 1-8.

[34] 李洁 . FBAR 滤波器的仿真与制备研究 [D] . 广州：华南理工大学，2018.

[35] PATEL R, BANSAL D, AGRAWAL V K, et al. Fabrication and RF characterization of zinc oxide-based Film Bulk Acoustic Resonator [J] . Superlattices and Microstructures, 2018, 118: 104-115.

[36] LI L, ZHAO Y L, LI H J. A Film Bulk Acoustic Resonator Filter for C Band Application [J] . Semiconductor technology, 2019, 44(12): 951-955.

[37] 彭华东，徐阳，张永川 . X 波段 FBAR 用 AlN 薄膜制备研究 [J] . 压电与声光，2019, 41(2): 170-172.

[38] ZOU Y, NIAN L, CAI Y, et al. Dual-mode thin film bulk acoustic wave resonator and filter [J] Journal of Applied Physics, 2020, 128(19): 1-7.

[39] 桂丹，郑丹，何琼 . Mg 掺杂对 ZnO 基体声波谐振器性能的影响 [J] . 仪表技术与传感器，2020, 2020(9): 23-26.

[40] 兰伟豪，徐阳，张永川 . 基于掺杂压电薄膜的 FBAR 制备及研究 [J] . 人工晶体学报，2020, 49(6): 1040-1043.

[41] SU R, SHEN J, LU Z, et al. Wideband and Low-Loss Surface Acoustic Wave Filter Based on 15° YX-LiNbO$_3$/SiO$_2$/Si Structure [J] . IEEE Electron Device Letters, 2021, 42(3): 438-441.

[42] WAUK M T, WINSLOW D K. Vacuum deposition of AlN acoustic transducer [J] . Applied PhysicsLetters. 1968, 13(8): 286-288.

[43] 李效民，张霞，陈同来 . Si（100）衬底上 PLD 法制备高取向度 AlN 薄膜 [J] . 无机材料学报，2005, 20(2): 419-424.

[44] 张必壮 . AlN 薄膜改性技术与工艺研究 [D] . 成都：电子科技大学，2019.

[45] 刘国荣 . 基于单晶 AlN 薄膜的 FBAR 制备研究 [D] . 广州：华南理工大学，2017.

[46] 李恒 . 自支撑 AlN 薄膜的制备及其性质研究 [D] . 西安：西安电子科技大学，2017.

[47] 彭华东，徐阳，张永川，等 . X 波段 FBAR 用 AlN 薄膜制备研究 [J] . 压电与声光，2019, 41(2): 170-172.

[48] 杨欣航 . AlN 压电薄膜制备技术及应用研究 [D] . 成都：电子科技大学，2022.

[49] 孙莹盈，史春景，刘双杰，等 . ZnO 压电薄膜制备及压电仿真特性分析 [J] . 机械研究与应用，2023, 36(1): 122-126.

[50] 衣新燕 . 基于两步生长法 AlN 薄膜的高质量体声波滤波器制备研究 [D] . 广州：华南理工大学，2022.

[51] 白晓圆 . 单晶 LiNbO$_3$ 薄膜材料及薄膜体声波谐振器的制备研究 [D] . 成都：电子科技大

学，2020.

［52］ 张福学．现代压电学［M］．北京：科学出版社，2001.

［53］ 张亚非，陈达．薄膜体声波谐振器的原理、设计与应用［M］．上海：上海交通大学出版社 2011.

［54］ LIU Y, CAI Y, ZHANG Y, et al. Materials, design, and characteristics of bulk acoustic wave resonator: A revie［J］. Micromachines, 2020, 11(7): 1-26.

［55］ FLEWITT A J, LUO J K, FU Y Q, et al. ZnO Based SAW and FBAR Devices for Bio-sensing Applications［J］. Journal of Non-Newtonian Fluid Mechanics, 2015, 222: 209-216.

［56］ 何移．空腔型 L 波段 FBAR 滤波器设计［D］．绵阳：西南科技大学，2014.

［57］ THALHAMMER R, AIGNER R. Energy loss mechanisms in SMR-type BAW devices［C］.IEEE Mtt-s International Microwave Symposium Digest, 2005, 225-228.

［58］ 蔡洵，高阳，黄振华，等．薄膜体声波谐振器的测试与表征［J］．微纳电子技术，2015, 52(10): 661-664.

［59］ GAO C, ZOU Y, ZHOU J, et al. Influence of Etching Trench on of Film Bulk Acoustic Resonator ［J］. Micromachines, 2022, 13(102): 1-8.

［60］ SCHREITER M, GABL R, PITZER D, et al. Electro-acoustic hysteresis behavior of PZT thin film bulk acoustic resonators［J］. Journal of the European Ceramic Society, 2004, 24(6): 1589-1592.

［61］ 赵辉．无源滤波器与耦合滤波器设计［D］．西安：西安电子科技大学，2009.

［62］ 张亭．射频微波滤波器的小型化设计及关键技术研究［D］．成都：电子科技大学，2019.

［63］ 周晓伟，吴秀山，孙坚，等．微型 FBAR 器件性能优化设计［J］．压电与声光，2024, 46(1): 6-10, 25.

［64］ 杨书伟．具有容差性的多层 LTCC 带通滤波器的设计与研究［D］，杭州：浙江工业大学，2011.

［65］ 刘鑫尧．空腔型薄膜体声波谐振器(FBAR)滤波器研究［D］．广州：华南理工大学，2020.

［66］ MENENDEZ S, PACO P D, VILLARINO R, et al. Closed-Form Expressions for the Design of Ladder-Type FBAR Filters［J］. IEEE Microwave & Wireless Components Letters, 2006, 16 (12): 657-659.

［67］ BRADLEY P D, LARSON III J D, RUBY R C. Duplexer incorporating thin-film bulk acoustic resonators (FBARs)［P］. U. S. Patent 6, 262637. 2001-7-17.

［68］ XU L, WU X S, ZENG Y Q. Simulation and Research of Piezoelectric Film Bulk Acoustic Resonator Based on Mason Model［C］, ICICM 2021, IEEE: 184-188.

［69］ TAKANO Y, HAYAKAWA R, SUZUKI M, et al. Increase of electromechanical coupling coefficient k^2 in (0001)-oriented AlN films by chromium doping［J］. Japanese Journal of Applied Physics, 2021(SD): 1-7.

［70］ WU X S, XU L, SHI G Z,et al. Design and modeling of film bulk acoustic resonator considering temperature compensation for 5G communication［J］. Analog Integrated Circuits and Signal Processing. 2024, 118, 219-230.

［71］ 任家泰．3400-3600MHz FBAR 滤波器的设计与研究［D］．昆明：昆明理工大学，2021.

［72］ 兰伟豪.5G 通信 6GHz 以下频段 FBAR 滤波器镀膜关键技术研究［D］.重庆：重庆邮电大学，2019.

［73］ YANAGITANI T.，KIUCHI M.，MATSUKAWA M.，et al. P1J-1 Temperature characteristics of pure shear mode FBARs consisting of (1120) textured ZnO films［J］. proceedings of the ieee ultrasonics symposium, 2006, 1459-1462.

［74］ 胡念楚.温度补偿的压电薄膜体声波滤波器［D］.天津：天津大学，2011.

［75］ NISHIHARA T.，TANIGUCHI S.，UEDA M. Increased piezoelectric coupling factor in temperature-compensated film bulk acoustic resonators［C］. IEEE International Ultrasonics Symposium (IUS), IEEE Press, 2015, 1-4.

［76］ IGETA H.，TOTSUKA M.，SUZUKI M.，et al. Temperature Characteristics of ScAlN/SiO$_2$ BAW Resonators［C］. IEEE International Ultrasonics Symposium (IUS). Kobe, IEEE Press, 2018, 1-4.

［77］ 何怡刚，陈张辉，李兵，等.改进 AFSA-BP 神经网络的湿度传感器温度补偿研究［J］.电子测量与仪器学报，2018，32(07)：95-100.

［78］ 周斌，高杨，何移，等.薄膜体声波谐振器温度-频率漂移特性分析［J］.压电与声光，2014，36(02)：171-175.

［79］ 曹哲琰.面向移动无线通信的体声波器件研究与实现［D］.北京：北京邮电大学，2021.

［80］ 朱京涛，郭胜，赵娇玲，等.脉冲直流溅射 Zr 薄膜的微结构和应力研究［J］.光学学报，2021，41(18)：255-260.

［81］ 钱劲，刘澈，张大成，等.微电子机械系统中的残余应力问题［J］.机械强度，2001，23(4)：393-401.

［82］ WU X, LI C, SUN S, et al. A Study on the Heating Method and Implementation of a Shrink-Fit Tool Holder. Energies, 2019, 12(18): 3416.

［83］ GILL G S, SINGH T, PRASAD M. Study of FBAR response with variation in active area of membrane［C］. Aip Conf Proc-international Conference on Emerging Technologies: Micro & Nano. AIP Publishing LLC, 2016, 769-778.

［84］ PATEL R, ADHIKARI M S, BOOLCHANDANI D. Active area optimisation of film bulk acoustic resonator for improving performance parameters［J］. Electronics Letters, 2020, 56(22): 1191-1194.

［85］ 贾乐，高杨，韩超.体声波谐振器 MASON 模型改进的方法［J］.压电与声光，2018，40(3)：352-355.

［86］ WU H, CAI X, WU Y, et al. An Investigation on Extraction of Material Parameters in Longitudinal Mode of FBAR［J］. IEEE Transactions on Circuits and Systems II: Express Briefs, IEEE, 2020, 67(6): 1024-1028.

［87］ PILLAI G, ZOPE A A, TSAI M L, et al. Design and optimization of SHF composite FBAR resonators［J］, IEEE T ULTRASON FERR, 2017, 64(12): 1864-1873.

［88］ WU H P, WU Y, LAI Z G, et al. A Hybrid Filter with Extremely Wide Bandwidth and High Selectivity Using FBAR Network, IEEE Transactions on Circuits and Systems, 2022, 69(7): 3164-3168.

[89] GU J, WU Y, LAI Z, et al. An N41-Band Bandpass BAW Filter Chip for Mobile Communications Based on FBARs [J], Asia-Pacific Microwave Conference Proceedings, 2020, 380-382.

[90] GAO Y, ZHAO K L, HAN C, et al. Design of S-band Narrowband Bandpass Bulk Acoustic Filter [J].LIDAR Imaging Detection and Target Recognition, 2017, 10605(1): 1-4.

[91] 杜吉林. 硅基波导布拉格光栅光子器件设计 [D]. 天津: 天津工业大学, 2021.